完全绘本

The Painting Technique of

INTERIOR DESIGN

室内设计
手绘效果图精解

王美达 侯绪恩 著

长江出版传媒 湖北美术出版社

图书在版编目（CIP）数据

室内设计手绘效果图精解 / 王美达，侯绪恩著.
-- 武汉：湖北美术出版社，2020.10
（完全绘本）
ISBN 978-7-5394-9715-0

Ⅰ. ①室…
Ⅱ. ①王… ②侯…
Ⅲ. ①室内装饰设计—绘画技法
Ⅳ. ①TU204

中国版本图书馆CIP数据核字(2018)第130804号

策　　划：向　冰
责任编辑：靳冰冰
技术编辑：李国新
书籍设计：向　冰　靳冰冰

出版发行：长江出版传媒　湖北美术出版社
地　　址：武汉市洪山区雄楚大街268号
　　　　　湖北出版文化城B座
电　　话：（027）87679533　87679525　87679520
邮政编码：430070
印　　刷：武汉精一佳印刷有限公司
开　　本：635mm×965mm　1/8
印　　张：19.5
字　　数：45千字
版　　次：2020年10月第1版　　2020年10月第1次印刷
定　　价：68.00元

前 言

人类最淳朴的设计语言来自于手绘，手绘是与心灵最契合的表达方式，是最真实的感受。

随着社会文明的发展，大众审美修养的提高，单纯靠电脑制图完成设计的弊端已日渐明显。当前，无论是业主还是设计师，都越来越重视手绘表现。然而对于手绘的学习，很多人深感力不从心，这主要是因为不得手绘入门之法。受美术基础教育的影响，很多人认为手绘的学习仅仅是一个量的积累，正所谓"功到自然成"，这种观点确有道理，但是此法的收效受到时间、精力、毅力等诸多个人条件的限制，这也使很多渴望自学手绘的人由于长时间进入不了状态，而与手绘失之交臂。手绘的学习是否可以轻松一点？应该说只要有适合的方法，手绘入门是可以做到轻松而快速的。

本书针对手绘的方法进行了全面而系统的阐述，使初学者能够清楚地看到从一根线，到一个面，再到一个体，最终构建整个室内空间的手绘演变过程。而且每个过程，即使是最基本的画线过程，都配有详细的照片步骤，如同看到老师的亲身示范。初学者通过数个针对性强的基础练习，可以在自信不断成长的状态下，轻松突破手绘入门环节，从而做到真正意义的循序渐进，由浅入深。另外，本书按照先易后难的顺序，将多种不同风格家居空间的手绘表现，以全程演示的形式进行解析，其中更渗透了多种高于入门级手绘的综合性表现技巧，进而切实做到手绘教学的深入浅出。

在复杂的编写过程中，出版社的编辑对本书进行了专业上的引导和大力协助，最终本书才得以顺利出版，为此我们也结下了深厚的友谊。

最后，感谢湖北美术出版社的支持，感谢关心我的家人和朋友们！

CONTENTS
目 录

第一章
绘画工具

室内手绘表现图，从起稿到完成都离不开各种类型的画笔、画纸和辅助工具。只有熟悉各种工具的特性，才能选择出最适合自己的，从而进行富有个性的效果表达，这是手绘入门的第一步。

铅 笔

中性笔

签字笔

一次性针管笔

钢笔

第一节 画笔类工具

一、铅 笔

铅笔是室内设计手绘表现的必备工具，特别是对于初学者来说，铅笔起稿可以反复修改，找到合理的构图、准确的透视、良好的比例关系等，从而使画面达到最好的效果。一般来说HB、B、2B的铅笔比较适合起稿。

二、墨线笔

1. 中性笔

中性笔多为圆珠型笔尖，书写流利，笔迹干得快，而且价格便宜，比较适合练习手绘。但是如果在较厚重的铅笔稿上用中性笔加墨线，则会经常出现堵笔现象，影响线条的流畅度，因此，推荐白雪牌子弹头型中性笔，画线流畅，价格低，可轻易覆盖较厚的铅笔稿，非常适合草图构思和表达素描关系的排线之用。

2. 签字笔

签字笔书写流畅，且笔触有较强的顿挫感，可以画出比较灵活且具有张力的线条，对铅笔稿的覆盖力较强，笔迹干得快，不会出现堵笔的现象。推荐三菱牌签字笔0.5型和0.7型，较为适合绘制造型的轮廓和结构等主线，0.5型适合A4幅面，0.7型适合A3幅面。

3. 一次性针管笔

该类笔根据笔尖管径的粗细分为多种型号，推荐初学者购买的型号为0.2、0.3、0.5，在手绘中可以使用0.5型笔勾画室内的空间和家具结构，0.3号笔刻画画面细节。该笔对铅笔稿的覆盖力较强，笔迹干得快，不会出现堵笔的现象，因此可以保持线条的流畅和完整，非常适合初学者使用。

4. 钢笔

钢笔分为普通书写钢笔和美工钢笔两种。普通书写钢笔画出的线条挺拔有力且富有弹性。美工钢笔则能利用下笔力度和角度的不同，画出粗细变化丰富且有肌理效果的线条。钢笔对铅笔稿的覆盖力极强，但是笔迹干得较慢，操作不当会滴落墨点或刮蹭墨痕，影响画面效果。

其他种类的墨线笔还有很多，在此不一一介绍，初学者可以根据自己的实际情况选择适合自己的墨线笔。

三、马克笔

马克笔是绘制室内设计效果图的主要工具之一，分为油性和水溶性两种。油性马克笔的笔迹干得快、耐水，颜色多次叠加不会伤纸，而且颜色衔接处自然柔和。水溶性马克笔的笔迹色彩亮丽有透明感，可溶于水，但多次叠加后颜色会变灰暗且容易伤纸。两种马克笔的表现效果各有特色，本书对油性马克笔的使用作重点讲解。

第二节 画纸类工具

1. 复印纸

复印纸纸面光滑细腻，价格便宜，但吸水性一般，使用马克笔着色时如运笔太慢或多层次涂画会出现晕染和渗透的情况，而且彩色铅笔在复印纸上的附着力不强，难以做出丰富的层次效果。因此，复印纸在手绘中比较适合复印出多张线稿做色彩推敲或进行草图构思之用。

2. 素描纸

素描纸纸质较厚，比较适合对一些画错的线条进行刮线修改。另外，素描纸表面有颗粒，对于彩色铅笔的附着力强，更易于丰富画面的层次，因此较为适合进行正式图稿的马克笔表现。但由于吸水性较强，使用马克笔着色时如运笔太慢或多层次涂画，也时常会出现晕染和渗透的情况。

牛皮纸

素描纸

马克笔专用纸

白卡纸背面

硫酸纸

复印纸

马克笔

3. 马克笔专用纸

马克笔专用纸属于中性无酸纸，长时间存放不变黄，能使作品保存时间更长久。经多层次涂画后仍然不晕染和渗透，还能保持原色不失真，可使画面效果更加出色，是手绘表现的最佳用纸，但价格较高。

4. 硫酸纸

硫酸纸质地密实、薄脆，呈半透明状，绘图时常用作辅助工具，便于修改和调整，是作拷贝和临摹的理想用纸。特别提示：很多研究生入学考试的快题设计要求使用硫酸纸作图，在进行这类表现时，为了不蹭污墨线，建议正面用墨线勾画线稿，背面用马克笔上色，而且颜色要选用比在普通纸上使用的颜色纯、暗一些的。为了使画面达到良好的色彩效果，最好在硫酸纸下垫一张白图纸再作画。

5. 白卡纸背面

白色卡纸正面质地密实，不适合着色，但其灰色的背面可以上色，如再辅以修改液的恰当使用，可出现特殊效果。

6. 牛皮纸

牛皮纸本身的色彩为画面提供了特殊的背景色，用来进行马克笔、彩色铅笔的综合性表现时必须辅以修改液、白广告色等高光处理手法，如此画面将更具艺术感染力。

4. 注射器、酒精

当油性马克笔变干时，不要扔掉，可以将它的粗笔头暂时拔掉，然后用注射器往笔芯内部注射酒精，再装上粗笔头，上下轻摇一会即可使用，虽然颜色会变淡，但是这类颜色恰好可以丰富色彩层次。水性马克笔变干时则可直接加注清水，用来画淡一些的颜色。

5. 直尺、平行尺

某些正式表现图可以使用尺子辅助画线，直尺可以辅助各角度线条的连接，平行尺可以连续地画出平行线，有利于排版和线条的批量绘制。

6. 橡 皮

用来擦拭铅笔稿，洁净画面，另外橡皮也是手绘纠错的工具之一。

7. 纸 巾

纸巾在作画的多个步骤中可以起到保持清洁的作用，另外对于排有大量彩色铅笔调子的画面，用纸巾轻擦，可起到减淡并柔和颜色的作用。

8. 马克笔袋、工具箱

专业的马克笔袋和工具箱便于归类收纳。将绘画工具分类摆放、收纳，使用起来更方便，可以提高工作效率。

第三节 辅助工具

1. 美工刀、卷笔刀

美工刀可以用来削笔和裁切画纸，特别是锋利的美工刀片可以将画错了的墨线刮掉，是手绘纠错的必备工具。卷笔刀主要用来削笔，虽然这样削出来的笔尖对于作画不是最适合的，但是较为省时省力。

2. 透明胶带、图钉

透明胶带和图钉是将画纸固定在画板上的必备工具。

3. 修正液、高光笔

修正液又称涂改液、立可白，是一种白色不透明、干得快的颜料，不但可以用来修改画面，更适合为画面提亮高光，产生特效，但是用来绘制长线、细线有一定难度。高光笔，其笔尖和一次性针管笔相似，可画细长线，同时可以表现某些肌理的细节，但是其白色的浓度不如修正液高，因此对最高亮度的表现略显不足。因此，在手绘表现时为了画出更生动的效果，建议大家修正液和高光笔各准备一支，各取所长。

直尺、平行尺

美工刀

透明胶带、图钉

注射器、酒精

修正液、高光笔

橡 皮

第二章

手绘基础

第一节 线稿基础

线条是手绘的灵魂，要在纸面上清晰完整地表达一个物象，先要从线条开始。在手绘中，线条并不是能画出即可，还需要兼顾线条的准确度、力度、流畅度、虚实关系、疏密关系等，线条质量是衡量一个手绘者水平高低的主要标准。

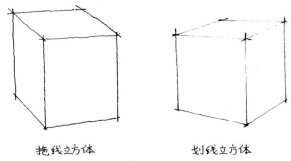

拖线立方体　　　　划线立方体

拖线与划线

一、基础线条

手绘中的线条种类是很丰富的，为了方便掌握，我们可把诸多线型概括为两大类，即拖线与划线。

1. 拖线

拖线是一种较为轻松随意，带有节奏感的线条，该线型富于细节变化，体现着手绘者的个人审美修养，蕴含着深层次的艺术魅力。

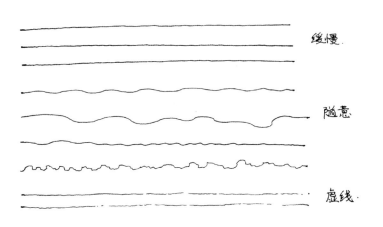

缓慢

随意

虚线

拖线的类型

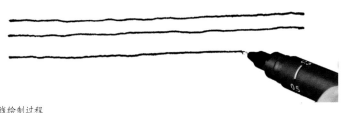

拖线绘制过程

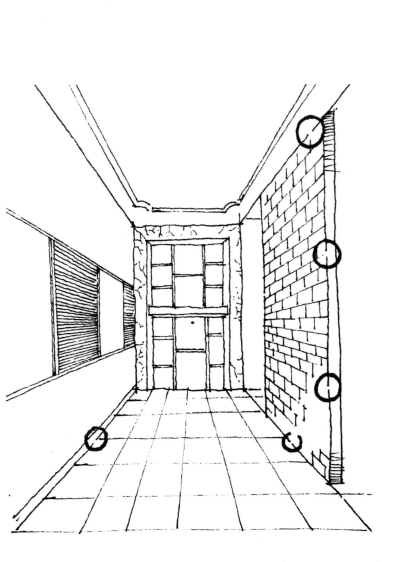

（1）拖线在画面中的应用

拖线是室内设计构思和表现中最常用的线条，在绘图中拖线不必画得太直，但只要连接准确，同样可以构建出完整而富有韵律感的图面，同时拖线的细节中也体现着作者的个性以及对设计的理解。

① 拖线表现物象较准确，因此适合在画面中绘制对精度要求较高的长线。另外对于过长的线，如一笔画不完，可先断下，再接着画，见左图中红线圈区域。

② 拖线适合勾画草图，如下图。

③ 拖线适合绘制柔软和线条丰富的物体,例如窗帘。
④ 随意性较强的拖线可表现成片、成簇的植物。

(2)拖线的优缺点

优点:线条自然、灵活,准确度高,可以很好地表现细节,易于上手。

缺点:线条刚性力度不足,如要提高拖线的线条质量和生动性,需要长时间的积累和磨练。

(3)练习方法

拖线带有很强的个性色彩,想把个人对空间美感的认知融入线条中,没有太多捷径可走,只能靠多进行空间场景的写生和多画设计草图,进行量的积累来提高拖线质量。

2. 划 线

划线是一种视觉上类似于尺规作图的线条,该线型具有较强的视觉冲击力,给人以紧张、规整、锋利的感觉,同时也体现了手绘者的自信与笃定。

(1)尺制划线过程

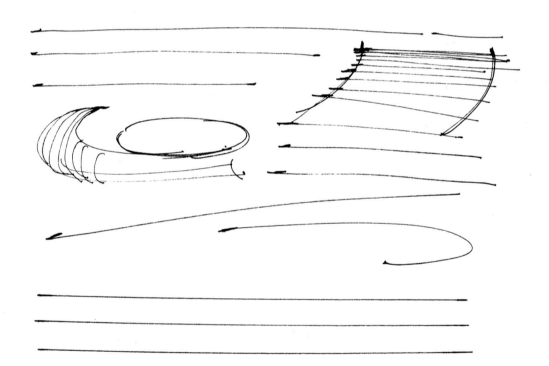

划线类型

1.先点好目标点。

2.在起笔处顿笔,之后在直尺的辅助下迅速划线,在收笔处再次顿笔。

3.尺划线很直,但要画出力度,给人以一种徒手划线的感觉。

(2)徒手划线步骤绘制过程

1.起笔前先点好目标点。

2.手指紧握笔杆的中点,手腕灌力保持不动,前臂平移。

3.深吸一口气,并保持该姿势,使笔尖在两点之间的纸面上方游走多次。

4.当找到惯性感觉时,笔尖瞬间接触纸面,迅速将两点连接,但要注意起笔和收笔时要略停顿笔,线条给人以头尾慢、中间快的力度感。

（3）划线在画面中的应用

① 现代简约风格，几何体块感较强的室内空间适合使用划线表达。

② 小家具外形的平滑短线最适合使用划线表达。

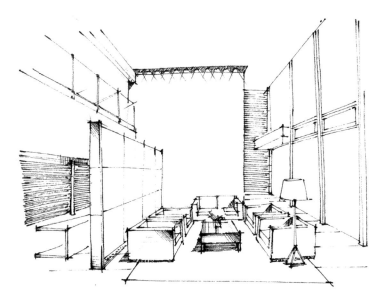

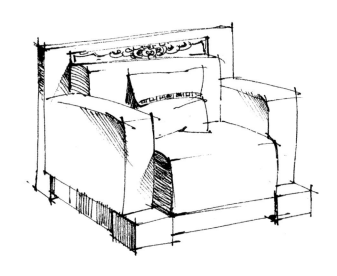

③ 物体的光洁表面，适合按特定的方向使用划线表达。图中电视屏上的斜划线表示屏幕的光滑，电视柜水平面的垂直划线体现其表面的光泽与反光。

④ 需留下特定笔触的画面位置，一般用弧形划线表达。图中地面上的划线，概括地表现了地面，其疏密体现着空间的进深。

（4）划线的优缺点

优点：线条干净利落，视觉冲击力强，适合表现简洁直观的形体。

缺点：不适合表现画面细节，线条绘制容易失准，但可通过加强节点、实线、调子予以改善。

（5）练习方法

A3纸两点连线法

选用A3（够大）的复印纸（经济），先在纸上任意点两个点（两点距离一定要远），之后用划线的方式连接这两个点。

注意：

● 划线如一笔连接不上两点可重画，直至一笔连上，再找另外两点做划线练习；

● 纸面上各种角度的线都要画，水平线、垂直线、小角度斜线，要多练；

● 正反面要练满，坚持每天2张，两周后自见成效。

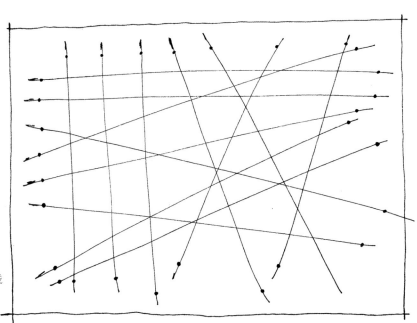

— 两点连线 划线练习

3. 怎样用线

对于设计类的手绘表现来说，其线条不如纯美术作品的线条灵活多变，但正基于此，我们可以针对线条的使用，总结出一些共性特点，以供初学者学习时参考。

（1）手绘画线的共性特点

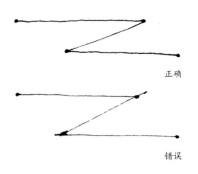

正确

错误

① 无论是拖线还是划线，起笔、收笔、转折处应注意顿笔，形成两头粗中间细的线条效果，该画法有利于加强形体轮廓感，并使线条显得有力度。

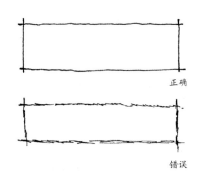

正确

错误

② 线条务必一笔画成，切忌毛毛糙糙。

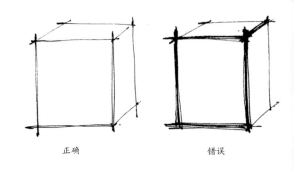

正确　　　　　错误

③ 如一笔没画到位可重画一笔，但线条要干净利落，切勿在原线条上反复涂改，把线画"死"。

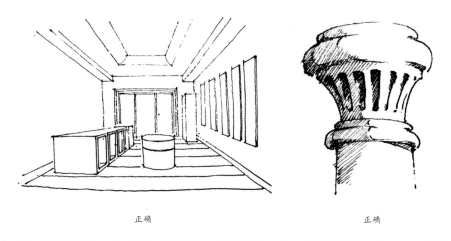

正确　　　　　正确

④ 用线近实远虚，是永恒不变的道理。空间场景的表达，近处物体线条较实，远景物体线条可虚些；单个物体也可通过线条的强弱来体现其前后关系和立体感。

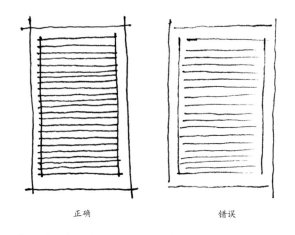

正确　　　　　错误

⑤ 用线要有头有尾，大胆出头，避免"两边不靠"。

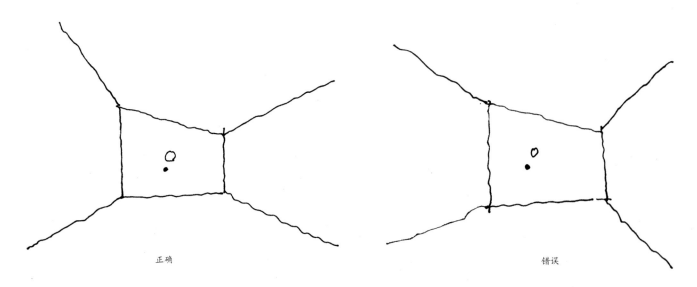

正确　　　　　错误

⑥ 用线可以局部弯曲，但方向要准，如方向不准则会出现透视与造型错误。

（2）用线画面

纯粹用线条画满的面可以给人以完整面的感觉。

根据受光情况留白处理的面，仍可以给人完整面的感觉。

（3）用线画明暗

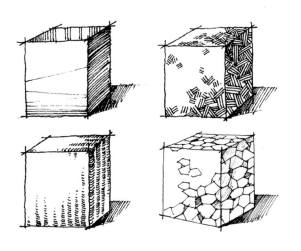

用线条进行体量的明暗表达时，要先设置光源，再根据素描关系在物体的亮部多进行留白或疏化处理；灰部线条适当疏化；暗部靠近明暗交界线的部分线条要密集，靠近反光的部分线条要逐渐疏化。

（4）用线画质感

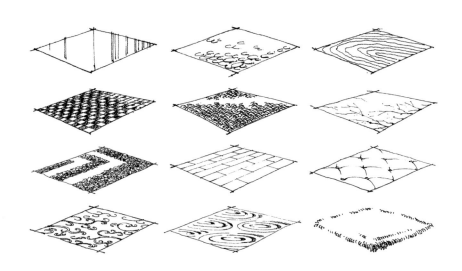

利用线条表现平面在透视角度中的质感须抓住材质的纹理特征，并结合远近及受光规律进行疏密处理，这样更有利于塑造场景中的各种物品。

（5）拖线与划线的结合

徒手绘制室内空间表现图，可以尝试拖线与划线两种线型的结合使用，以便发挥各自的优点，塑造生动的线条空间。

注意：
● 长度长、精度要求高的结构线用拖线；
● 长度短、精度要求不高的线用划线；
● 细节线用拖线；
● 光感和光滑质感的表现用划线。

二、基础透视

透视是室内手绘表现的成图依据，是室内设计的科学性的体现，熟练地掌握透视是进行室内手绘表现的必要基础。对于室内设计来说最基本的透视分为一点透视、两点透视和一点斜透视，关于这些透视的基本原理本书暂时不做过多的介绍，以下为大家提供一系列科学的透视练习方法，可更有效地帮助大家熟练掌握透视的法则，并在空间表现中加以充分应用。

1. 立方体透视法

在一点透视和两点透视的空间绘制正立方体的方法，不仅是练习透视的基础训练，更是室内效果图表现中确定比例与尺寸的依据，其作用至关重要。该练习方法须以每天两张A3纸的量进行训练，坚持两周后会有良好效果。

（1）一点透视空间立方体画法

在一张A3打印纸上，先画下视平线和消失点（灭点），然后用划线按照一点透视的规律在纸张各个位置画下立方体。

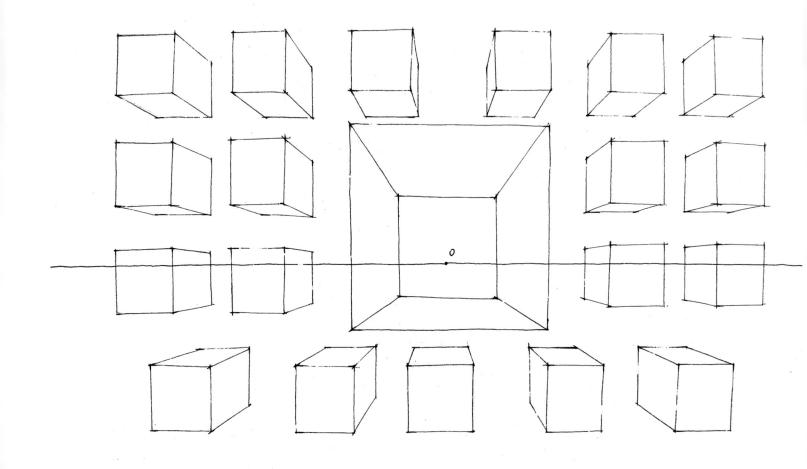

注意：

● 立方体各边感觉上要等长，特别是带有透视的边，一定要使其在感觉上与其他边相等，初学者必须反复训练，熟悉这种边与边在透视环境中还可以画到等长的感觉，这是室内设计表现中把握比例关系的前提。

● 注意各立方体在水平方向上距离消失点远近与其侧面大小变化的规律。

● 注意各立方体在垂直方向上距离视平线远近与其底面（或顶面）大小变化的规律。

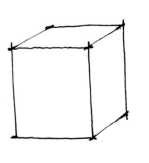

各边基本等长的立方体

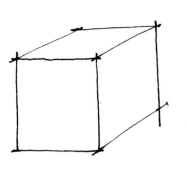

侧面偏长的立方体

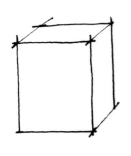

侧面偏短的立方体

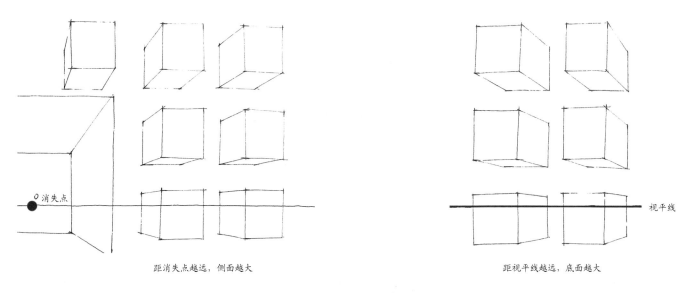

距消失点越远，侧面越大　　　　距视平线越远，底面越大

（2）**两点透视空间立方体画法** 在一张A3打印纸上，先画下视平线和消失点，然后用划线按照两点透视的规律在纸张各个位置画下立方体，画立方体时须注意的要点与一点透视空间立方体画法相同。

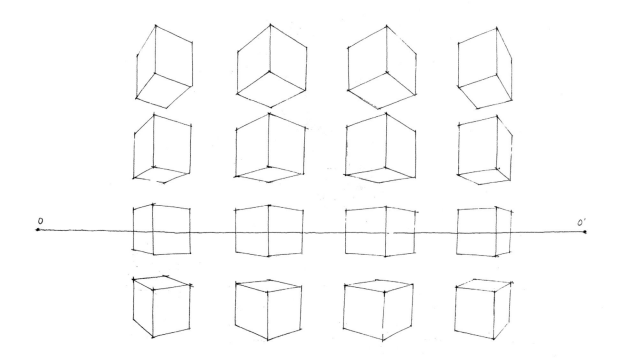

（3）**空间立方体的应用**

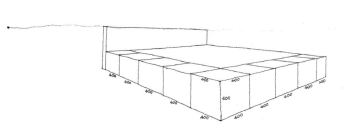

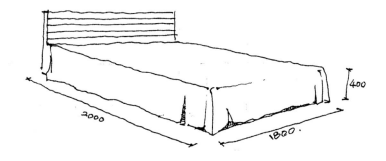

一张2000mm×1800mm×400mm的双人床，其长宽比例相当于20个边长400mm的立方体与5个400mm×200mm×400mm的长方体组合而成。　　绘图时以床高为参照尺寸，即可轻易画准该双人床比例。

2. 空间网格法

空间网格法是将空间立方体转化为室内透视空间的基础训练，分别为一点透视、两点透视、一点斜透视空间网格法。该训练可以让初学者掌握室内空间的宏观和微观尺寸，是进行室内空间手绘设计的必备基础。

（1）一点透视空间网格法

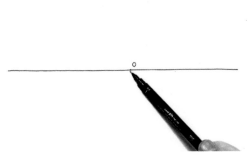

1.先在纸的正中画下视平线和消失点0。

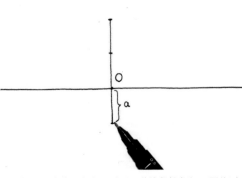

2.过点0画垂直线，自定义0点以下的线段长度为a，再从0点以上的线段上截取2个a的长度,使该线段总长为3a。

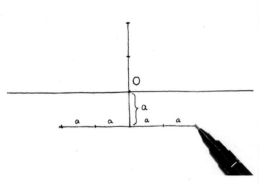

3.过垂直线的下端点画水平线，使其长度为4a。

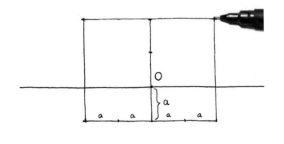

4.在已有线段基础上画边长为4a×3a的矩形。

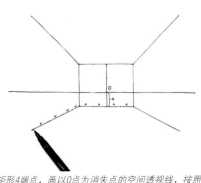

5.过矩形4端点，画以0点为消失点的空间透视线，按照画空间立方体所掌握的比例感觉，在左下透视线上截取4段a的长度。

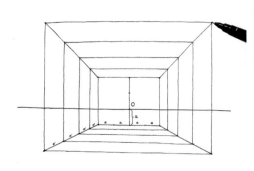

6.过透视线4段a长的端点，画空间的水平线与垂直线，画出4个矩形透视线框。

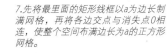

7.先将最里面的矩形线框以a为边长制满网格，再将各边交点与消失点0相连，使整个空间布满边长为a的正方形网格。

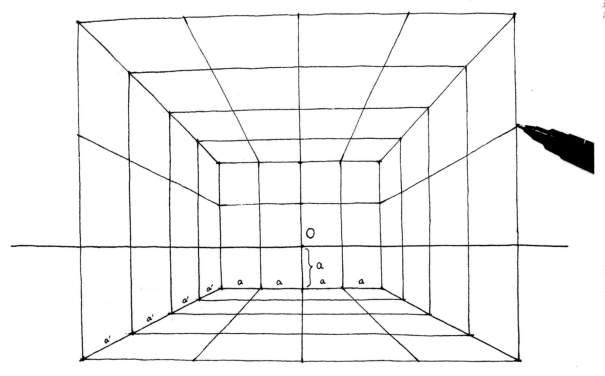

注意：

该图中，如果设置a为1m的长度，则整个空间为4m×4m×3m的室内空间，每个网格为1m²，在这样的网格空间中布置各种尺寸的家具将变得很容易。

（2）两点透视空间网格法

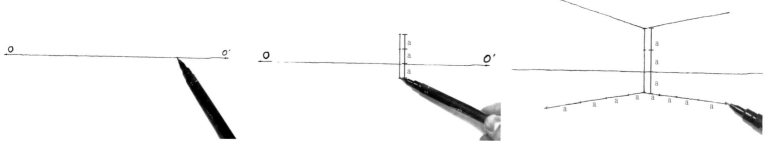

1.先在纸的正中画下视平线和消失点0 、0′。

2.在视平线的黄金分割处画垂线，使视平线为该垂线长度2:1的分界线。

3.按照两点透视原理，连接消失点画出空间透视线，并以垂线a长为标准，在下方的两条透视线上各截取4个a的长度。

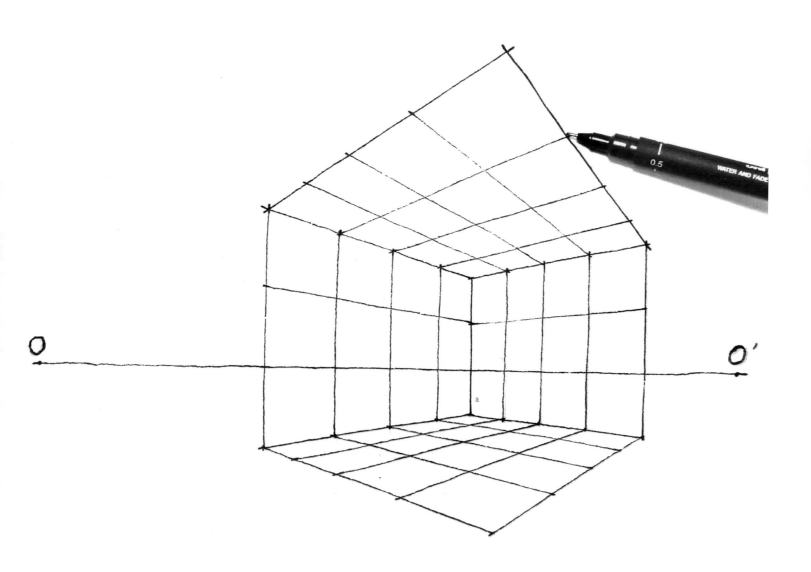

.按照两点透视原理，连接消失点与相应的端点画出两点透视的空间网格，大家可以数一下该空间的长宽高分别有几个a。

（3）一点斜透视空间网格法

一点斜透视是一种结合一点透视与两点透视特点的室内空间透视法，该透视效果与一点透视相比更具有强调性，与两点透视相比更具广阔性，是一种颇具表现力的室内设计专业透视法。该透视绘制空间网格的步骤如下：

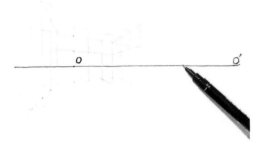

1.先在纸的正中画下视平线和消失点O 、O′，注意O点将为室内空间之内的消失点，要与纸边保持纸总长1/4左右的距离；O′将为室内空间之外的消失点，尽量往远处画，如条件允许可画在纸外。

2.过O点画垂线，使视平线为该垂线长度2:1的分界线。

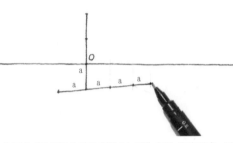

3.如图的底边斜线为垂线底端点与消失点O′连接所成，以长度a为单位，在底边上截取4个a长。

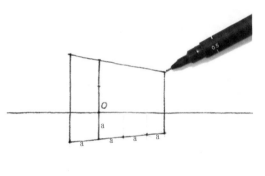

4.按照一点斜透视法的规律画出内侧矩形线框。

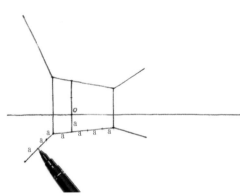

5.与消失点O连接，画出空间的透视线，并从左下透视线上截取3段a长的线段。

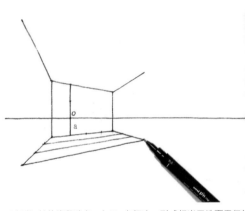

6.过3段a长的线段端点，与O′点相连，形成相当于地面平行线的3条线段。

7.将所有端点分别与消失点O和O′点相连，形成一点透视的空间网格。

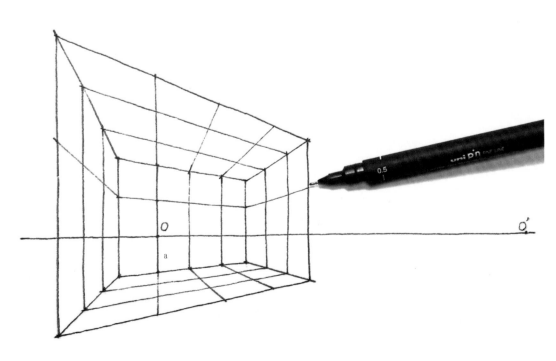

注意：

一点斜透视中，所有相当于一点透视的水平线，都将变成与消失点O′相连接的斜线。

三、基础造型

室内手绘表现图中的空间结构、家具、陈设造型各异，画好这些造型除了要把握住透视规律，还要画准它们的比例和尺寸，这也是手绘入门的关键一环。现代艺术先驱者、画家塞尚曾提出："自然是由球体、圆柱体和圆锥体构成的"。然而室内空间中的各种造型都是人造产物，其体面变化比较有规律，因此，一些简单的几何造型组合足以构成各类造型，其中以长方体的使用最为广泛。各种简单的几何形体，无论透视还是比例都是很好确定的，这也为画准各种室内造型提供了便捷的方法。室内手绘表现的基础造型训练，必须以简单的几何体构成为起点，逐步向更为复杂的空间延展。

1. 几何体造型组合

该练习主要训练大家在一点透视或两点透视的空间中，自由组合几何形体形成各种造型，从而为单体家具的绘制打下基础。

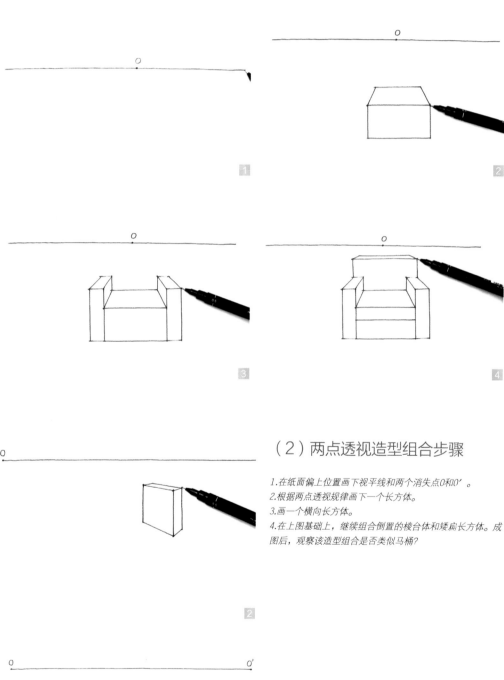

（1）一点透视造型组合步骤

1.在纸面偏上位置画下视平线和消失点O。
2.根据一点透视规律画下一个长方体。
3.在长方体两侧各画两个等进深但较扁的长方体，注意两侧长方体与中间长方体高的比例为3：2。
4.画下部这个长方体的分层线，并在最后面加上一个进深较窄的长方体，注意观察高度比例。成图后，这种体块组合的造型是否酷似一只单人沙发？

（2）两点透视造型组合步骤

1.在纸面偏上位置画下视平线和两个消失点O和O′。
2.根据两点透视规律画下一个长方体。
3.画一个横向长方体。
4.在上图基础上，继续组合倒置的棱台体和矮扁长方体。成图后，观察该造型组合是否类似马桶？

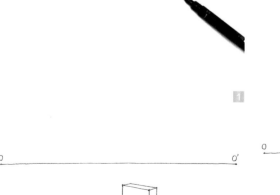

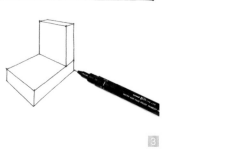

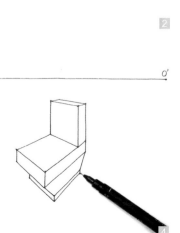

以各种室内家具的造型为依托，利用该造型组合方法进行大量练习，同时要注意各体块组合的比例关系，可为后期学习家具的画法打好基础。

2.空间几何体造型组合

设想一下，如果把之前所学的几何造型组合方法纳入到空间网格中会是什么效果？进行如此融合，便可以在准确的透视和比例关系中构建出室内空间场景的雏形。

（1）一点透视空间网格中几何体造型组合

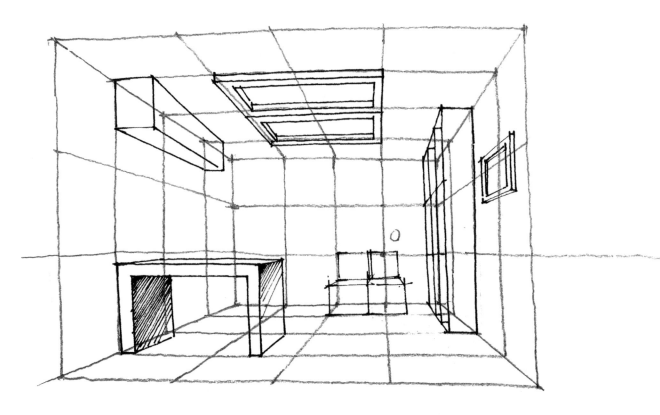

先用铅笔画出一点透视的空间网格，再用墨线在网格内画出各种造型组合。该图仅供借鉴，希望大家多发挥自己的创意，在空间网格中随意创造各种造型。

（2）一点透视空间网格中几何体造型组合

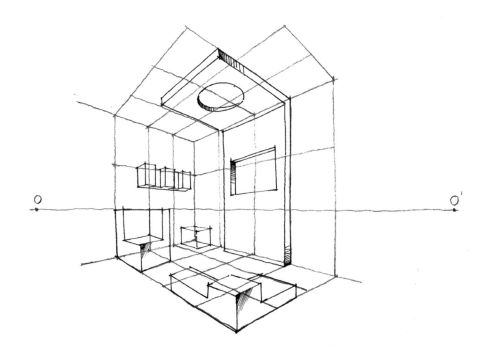

先用铅笔画出两点透视的空间网格，再用墨线在网格内画出各种造型组合。

（3）一点斜透视空间网格中几何体造型组合

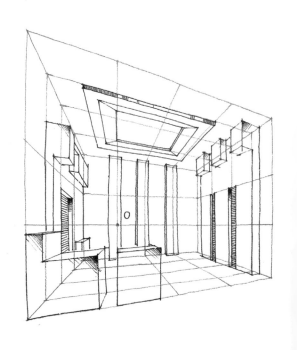

先用铅笔画出一点透视的空间网格，再用墨线在网格内画出各种造型组合。

第二节　马克笔基础

在本书中马克笔是主要着色工具，当前马克笔颜色多达千种，但在室内设计表现中，并不需要用到所有颜色，对于初学者来说，60支已足够，本书以斯塔和TOUCH三代品牌的马克笔为例予以介绍。

一、怎样选色

马克笔的笔杆上有色标和型号，但有时色标与笔芯真正的颜色是有误差的，而型号又不方便记忆，这些问题，往往使得很多初学者用错色或乱用色，造成画面色彩不和谐。为了在效果表现中，能够轻易地选出适合颜色的马克笔，我们可以将自己常用的一套马克笔，在纸上自制一幅色谱，当需要作画选色时，我们只需对照色谱选择即可。

注：该色谱上的马克笔型号共60支，表中120号之前颜色尽量选用斯塔马克笔，表中号段在144~185号之间的马克笔可选用TOUCH三代马克笔，本表的马克笔型号即为本书的推荐用色，可照单配色。

WG 1	WG 3	WG 5	WG 7	WG 9	CG 1
CG 3	CG 5	CG 7	CG 9	BG 1	BG 3
BG 5	BG 7	GG 1	GG 3	GG 5	GG 7
1	9	15	16	25	28
34	36	37	42	43	47
48	49	51	56	58	59
62	64	67	68	70	73
74	75	76	83	94	97
99	102	104	107	120	144
145	167	171	182	183	185

TOUCH三代油性马克笔色谱

二、马克笔使用技巧

1.着色方法

马克笔的使用，一般以色彩明度的高低决定上色顺序，先上高明度色彩，之后再叠加低明度色彩（即先上浅色后上深色）；如顺序颠倒，色彩则会变脏。

先上浅色，再上深色。色彩明晰、干净。　浅色叠加深色，色彩会变脏。　明度相近，不同色系的颜色叠加，色彩会变脏。　同一色彩可叠加，会产生层次感，但最好不超过3次。

2.笔法技巧

马克笔两端分别为粗细两种笔尖，粗的一端可画出宽、中宽、窄三种笔宽。

建议作画时尽量以粗笔尖的使用为主，变化其宽度进行组合，做到点、线、面相结合。

另外，使用马克笔作画应以划线为主，用笔要利落、肯定，不能拖泥带水。

细笔尖

粗笔尖

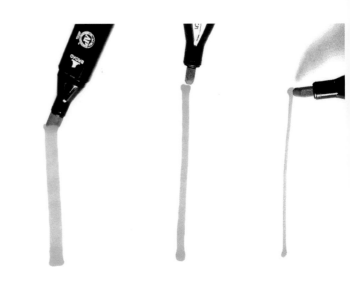

不同笔尖的马克笔的画线效果

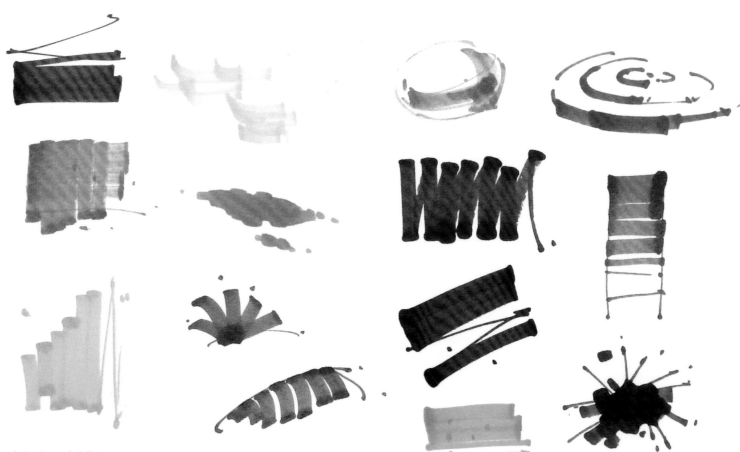

各种形式的马克笔笔法

3.配色技巧

我们推荐的60色马克笔,可以进行多个色系的配套组合,基本可囊括室内手绘表现所需的各种颜色。

(1)同色系配色

我们进行马克笔室内设计表现所涉及的内容都是三维物体,因此,即使我们表现一个最简单的单色物体,也要按亮部色、固有色、暗部色的关系搭配同一色系的三种色彩,即表现红色物体,我们要选择淡红、大红、深红三种颜色。根据这一原则,我们可按色系把现有的60支马克笔分为多个同色系配色系列以供参考。

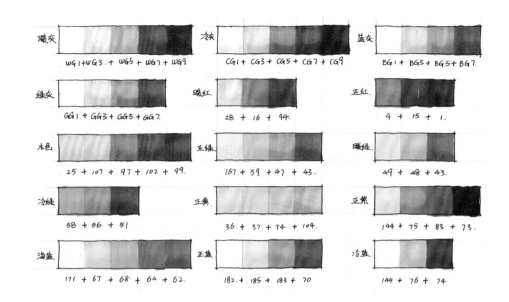

暖灰 WG1 + WG3. + WG5 + WG7 + WG9
冷灰 CG1 + CG3 + CG5 + CG7 + CG9
蓝灰 BG1 + BG3 + BG5 + BG7.

绿灰 GG1 + GG3 + GG5 + GG7.
暖红 28 + 16 + 94.
正红 9 + 15 + 1.

木色 25 + 107 + 97 + 102 + 99.
正绿 167 + 59. + 47 + 43.
暖绿 49 + 48 + 43.

冷绿 58 + 56 + 51
正蓝 36 + 37 + 34 + 104.
正紫 144 + 75 + 83 + 73.

海蓝 171 + 67 + 68 + 64 + 62.
正蓝 182. + 185 + 183 + 70
冷蓝 144 + 76 + 74

利用上述配色方案,我们可任选一套色系的色彩,绘制出具有立体感的三维物体。

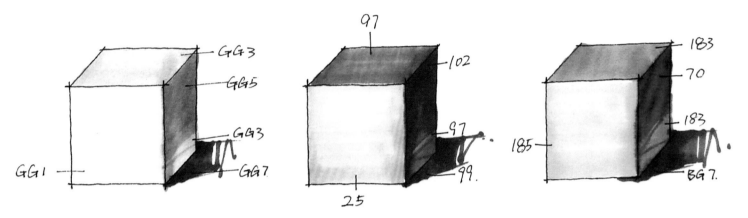

绿灰、木色、蓝色的立方体块配色

(2)不同色系配色

尽管归纳了色系,但马克笔的色彩差别仍然是比较显著的,因此使用不同种色系的色彩搭配时,配色一定要有根据,不要盲目。

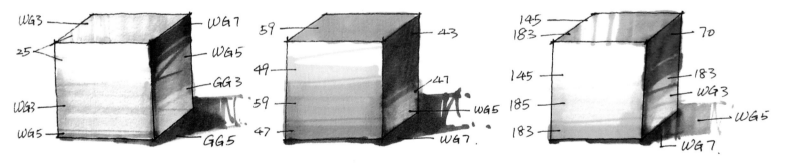

前两个立方体受光部分别是暖纯色与暖灰色的搭配,暖纯色与绿色的搭配,暗部和投影分别为暖灰与绿灰的搭配,深绿与暖灰的搭配,这些不同色系色彩的结合体现了受暖光源照射的光感特征;第三个立方体为受冷光照射时的蓝、紫、暖灰色搭配,大家可仔细观察其特点。

弱暖光照射下的陈设物

三、马克笔对明暗与光影的表现

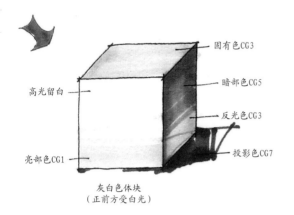

灰白色体块
（正前方受白光）

固有色CG3
暗部色CG5
高光留白
反光色CG3
亮部色CG1
投影色CG7

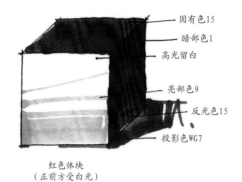

红色体块
（正前方受白光）

固有色15
暗部色1
高光留白
亮部色9
反光色15
投影色WG7

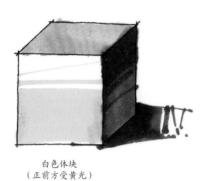

白色体块
（正前方受黄光）

1.马克笔表现明暗

用马克笔表现立体造型，首先要确定光源的方位和颜色，之后按照素描关系，以高光、亮部、灰部（固有色）、明暗交界线、暗部、反光、投影的位置为依据进行着色。

壁龛内的射灯照明

2.马克笔表现光影

马克笔对光影的表现，光照区域内要尽量留白或上浅色，特别要注意留出光晕的形态，而在非光照区域，要慎重选择好颜色涂满。

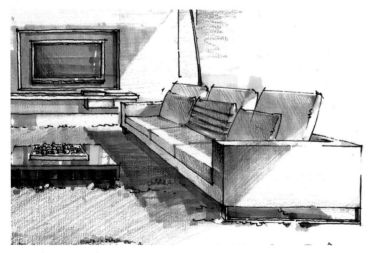

阳光照在沙发上的光感

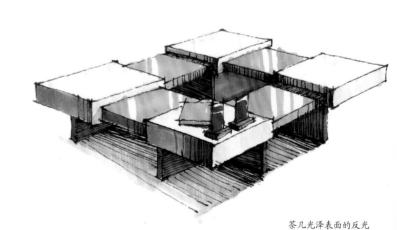

茶几光泽表面的反光

四、马克笔对材料质感的表现

用马克笔表现材料质感，不仅要了解材质本身的特性，更要分析其所处环境的色光影响，切不可孤立对待。为了画好各种材质，大家要注意以下几点要素：
1.确定光源位置；2.选准表现该材质的相应色系；3.注意线稿配合；4.画对马克笔的笔触方向；5.注意形体的虚实关系。

不锈钢灯罩，注意明暗的强烈对比。

木材等纹理清晰的材质，可先用墨线画下纹理再上色，注意颜色的准确性。

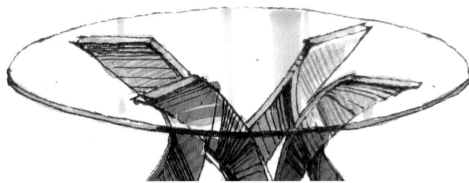

玻璃的反光多用竖向笔触，但要注意近光处笔触稀疏，远光处笔触密集。

藤制家具须用墨线清晰地描绘其纹理，再适当用马克笔着色即可。

绿植的表达注意靠前叶片和靠后叶片的色彩对比关系。

PVC和陶瓷制品的表达，建议选择BG（蓝灰）系列。

水体表现选用马克笔185+183着色乃是绝配！

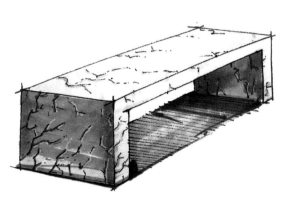

大理石材质在体面着色的基础上适当刻画些脉络的纹理即可。

第三节 彩色铅笔基础

对于室内手绘表现来说，彩色铅笔的使用极为重要。可以说，彩色铅笔对于丰富画面层次，刻画马克笔无法表达的细节和色彩过渡具有"神奇"的效果。但彩色铅笔比较清淡，单纯用彩铅表现作品容易画得灰甚至脏，因此，在室内手绘表现作品中彩色铅笔经常与马克笔配合使用，就一张比较精细的手绘效果图来说，马克笔的使用比例大约占50%~60%，而彩铅的使用比例约占30%~40%。

一、彩色铅笔的笔法与搭配

对于初学者来说，准备48色水溶性彩色铅笔即可满足学习要求。马克笔易于使用，有一定的素描基础就可以掌握其丰富的笔法，而彩色铅笔无论是自身还是与马克笔的色彩搭配，只要不叠加过多的层次基本不会画"脏"，可以说使用彩色铅笔，将给画者以充分的发挥空间。

二、彩色铅笔对马克笔的辅助作用

木色体块，正前方受白光，反光处紫色。

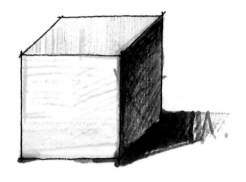

紫色体块，正前方受黄光，反光处用其补色（紫色）处理。

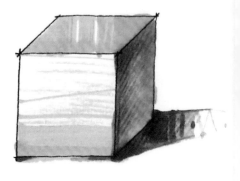

黄色体块，正前方受白光，反光处无偏色，用同类色彩铅加重或细化。

三、马克笔、彩色铅笔的综合性质感表现

白色、黄色、褐色、深蓝色彩色铅笔与马克笔的配合，再辅以修改液，可塑造出颇为真实的光照效果。

表现反光地面，可用土黄和赭石色的彩色铅笔，丰富地面暖灰色的色彩层次，特别是白色的彩色铅笔可以做出高光效果。

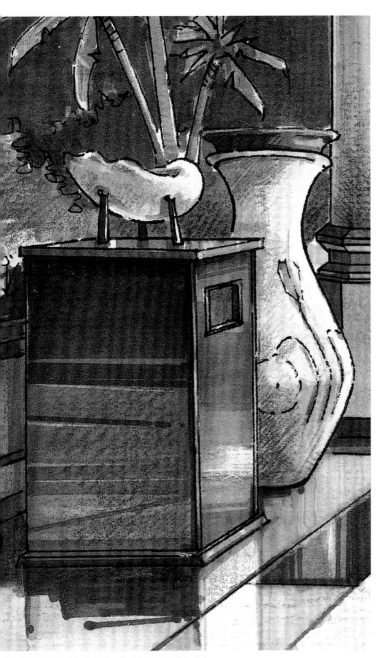

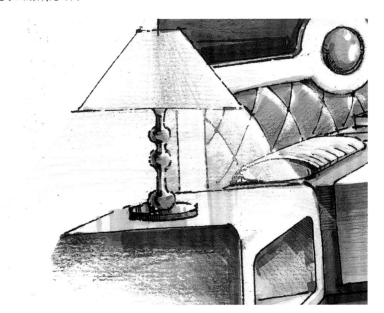

彩色铅笔、马克笔、修改液相结合，描绘的台灯照明效果。

彩铅辅助马克笔的颜色过渡，表现木材与陶瓷的质感。

彩色铅笔为主、马克笔为辅，表现浮雕和镜面反射。

第四节 手绘纠错技巧

在手绘中出现失误是在所难免的。一般来说，手绘过程中类似于整体透视方面的大的失误是无法弥补的，但局部的小失误是可以修改的。本书特别针对这一点，为大家总结出几点手绘中小失误的纠错方法。

一、增线法
增线法是修改部分失误线条而不影响整体画面效果的常用方法。

1.加强实线
如错误出现在物体的近景实线部位，不必理会，直接加强近景部位的实线即可。

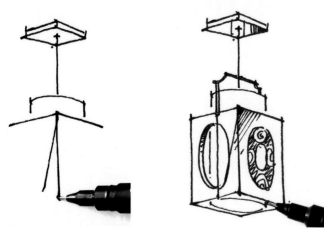

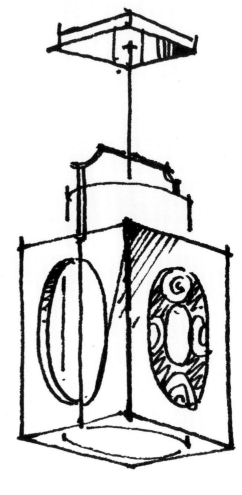

1.灯具最近端的实线画歪了，不用理会，再画条直的。　　*2.继续完成灯具的其他部分。*

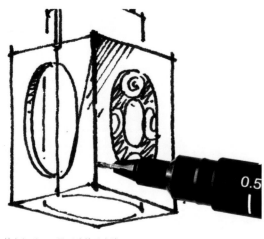

3.当其他部分都画完时，着力加重一下最近端的垂直线。　　*4.看看整体效果，那条画歪的可以忽略不计。*

2.增加调子
如错误出现在物体暗部或投影位置，可给画面的暗部与投影增加调子，即可掩饰。

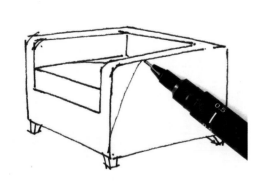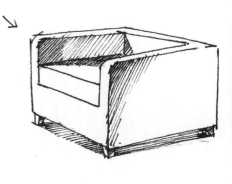

1.暗部画歪了一条线，这是最容易修改的。　　*2.顺应画歪线条的方向，在暗部排列些许调子。*　　*3.画完后，那笔失误被淹没在调子的"海洋"中。*

3.巧妙利用

某些特殊情况下，画错线部位的邻接处有其他物体，这时要细心分析物体的特点，运用得当的话可以将画错的线巧妙地利用，使画面更为协调。

总之，一般线条画错不必急于修改，要继续进展画面，最后在整体中修改错处，做到修改后的画面不失整体协调感，要避免为了一棵大树而放弃整片森林的行为。

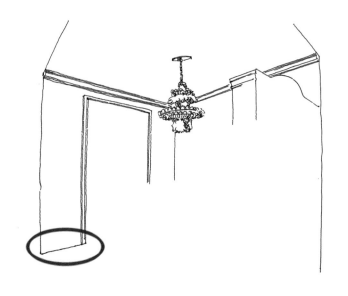
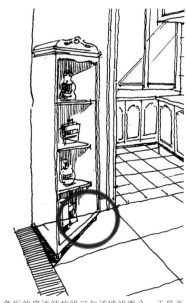

1.还没画角柜就把墙线"封死"了怎么办？

2.角柜的底边结构线可与该墙线重合，于是画错的墙线就被利用上了，尽管还有部分墙线出头，但不影响主要效果。

3.当整张图都画完时，小瑕疵将淹没在画面效果的强烈视觉冲击力之下。

二、切线法

当画面线条出现明显错误且无法用增线法修改时，可用切线法修改，切线法顾名思义就是把线条切掉，因此决定了该做法的前提是画纸一定要厚！

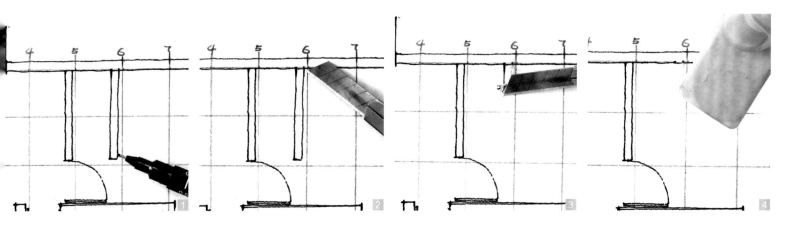

1.画平面图时，多画出来一段墙体，幸好还没有涂黑，否则很难修改。
2.用锋利的美工刀（或刀片）沿画错线的内外两侧浅浅地切掉一层画纸表面。
3.所有线都"切"好后，用刀片轻轻刮起被切掉的表层。
4.用橡皮轻轻擦一下。
5.擦完之后的效果还是比较令人满意的。

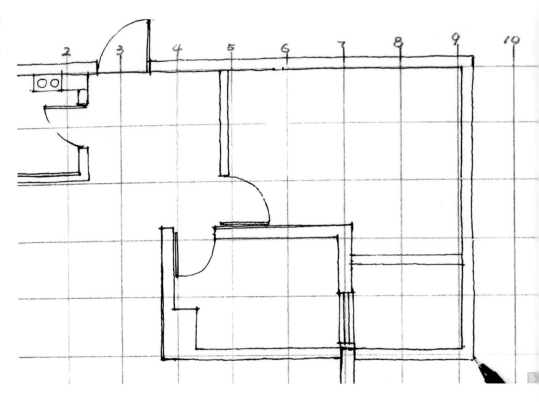

三、切面法

当物体的整个面颜色画错时，可用切面法处理。

1.整个面颜色都涂错了，后果很严重。　2.在画纸后面垫一张与画纸同样颜色和质地的空白纸，并用锋利的美工刀把画错的面完全切掉。　3.切完面后，垫在后边的那张纸也被切掉了同样的形状。　4.把同样形状的白纸"填"在画面中被切掉的位置上。

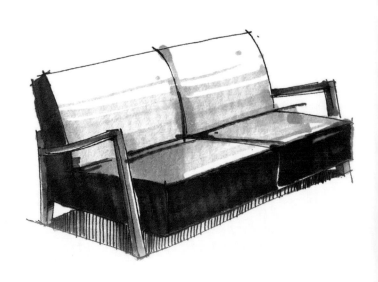

5.在背面的接补处贴上透明胶带。　6.用美工刀的另一端轻轻地将"补丁"刮平。

7.翻回正面看看"补丁"的效果。　8.选用正确的颜色在"补丁"处上色。　9.修改完的效果。

四、涂改法

对于在白色纸面上作画的作品，画错的部分可以借助修改液、白彩铅、白广告色等先予以覆盖再施加修改措施。

1.线稿有少许误差时

可直接将错处用涂改液盖住，之后复印一张线稿再进行后续过程。

1.玻璃隔断边缘画歪了，用增线法再画一条。　　2.用修正液把画错的那条边盖住。　　3.重新复印一张，作为上色的线稿。

2.如某个面用色过深时

可用白色的彩色铅笔在其上排线，此法
虽简单，但成效有限。

1.植物投影部分画得太深了，有点抢眼。
2.用白色彩铅在投影上打一遍"调子"，颜色
减淡很多。

五、电脑修改

为保证画稿的整洁性，可将有错处的线稿扫描至电脑，然后用PHOTOSHOP擦掉画错处，打印出来，在打印稿上补线完成。

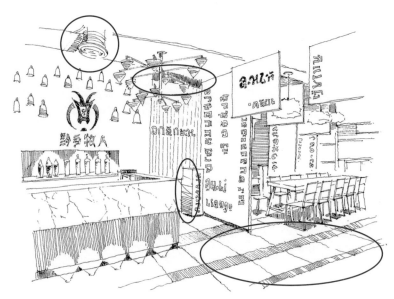

1.画面选区内的造型和线条使画面显得较乱，应当除掉。

2.将画稿扫描，用PHOTOSHOP将选区内的无用线条清除掉。

3.把修改完的线稿打印出来，可见画面的疏密关系舒服多了。

4.在打印稿上用墨线适当增加一些内容，以调节画面。

5.结合电脑技术的线稿修改完成。

第三章

室内家具表现

家具是室内空间功能得以实现的载体，同时也
是室内设计文化与品位的集中体现。在室内手
绘表现中，家具更是起到明确空间性质，丰富
视觉效果，提高表现档次的作用。基于这些特
点，家具表现训练是室内手绘基础训练与空间
场景训练的过渡阶段，起到重要的衔接作用。

第一节 单体家具表现

一、利用长方体组合演化单体家具的线稿训练

款式各异的家具以其不拘一格的效果得到广大使用者的钟爱，但是面对各种形态的家具我们从何处下手进行表现？各种家具的结构都可以理解为是由一个个长方体叠加组合而构成的，因此本书将向大家推荐一种家具表现的简易方法，即利用长方体组合演化家具法。以下为现代款单人沙发表现的步骤详解：

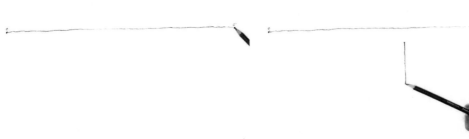
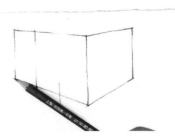

1.进行单体家具表现，一般选用两点透视，首先用铅笔在纸面偏上部位确定视平线高度和两个消失点的位置。

2.在画面水平黄金分割的位置画出长方体高度，即沙发的高度，约为60cm。

3.以高度60cm的长度为参照，根据空间立方体练习所找到的比例感觉，画出左侧面长度约为90cm，右侧面长度约为60cm。

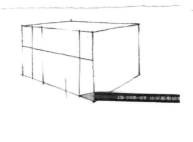

4.完成90cm×60cm的立方体，并画出沙发坐垫高度，约40cm。

5.在长方体中分割出两扶手的宽度，各15cm。

6.画出沙发的体面结构，表现沙发的透视关系。

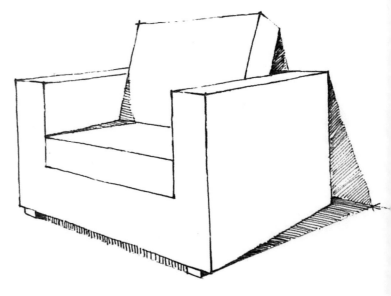

7.给沙发画出靠背和"脚"。

8.用墨线笔上墨线，注意线条虚实的变化。

11.完成稿。

9.用橡皮擦掉铅笔稿。

10.画出投影，增强沙发的立体感。注意靠近实物部分的投影线条要密排，使投影有一定层次感。

注意：因为长方体的透视关系和比例最好把握，因此先用铅笔以长方体的形式确定家具的框架，既保证了该家具的透视准确又保证了家具的比例合理，在此基础上进行墨线表达更好把握。

二、室内家具多角度画法

很多人经过大量单体练习后，在进行空间场景的表现时仍然把家具的透视画错。这是因为大量的练习往往仅限于固定的角度，而空间场景的表现，各种家具的角度是多变的，例如平时训练时画的都是家具的正面，但是在空间场景的统一视角下，看到的家具有些是背面，于是便造成了表达的难度。因此，本书建议大家练习家具画法不要盲目地追求量，要注意对家具结构的全面理解。

室内家具多角度画法，其表现对象就是一把简单的椅子，但是要在一个透视空间中徒手画出它各个角度的形态，该练习非常有助于手绘初学者全面掌握家具结构，提高空间意识。

1. 座椅在一点透视空间中的多角度画法

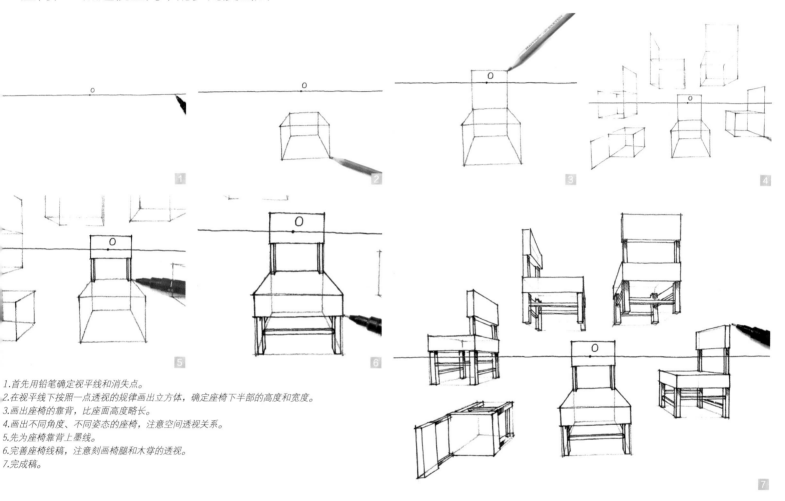

1.首先用铅笔确定视平线和消失点。
2.在视平线下按照一点透视的规律画出立方体，确定座椅下半部的高度和宽度。
3.画出座椅的靠背，比座面高度略长。
4.画出不同角度、不同姿态的座椅，注意空间透视关系。
5.先为座椅靠背上墨线。
6.完善座椅线稿，注意刻画椅腿和木撑的透视。
7.完成稿。

2. 座椅在两点透视空间中的多角度画法

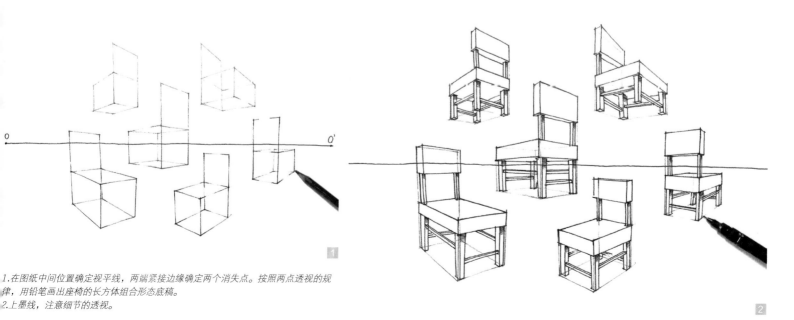

1.在图纸中间位置确定视平线，两端紧接边缘确定两个消失点。按照两点透视的规律，用铅笔画出座椅的长方体组合形态底稿。
2.上墨线，注意细节的透视。

三、单体家具表现步骤

1.欧式沙发表现步骤

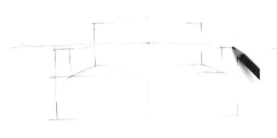 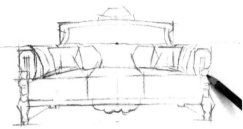 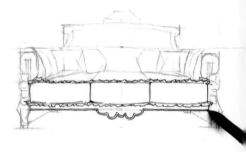

1.铅笔起稿，确定视平线和消失点，按照一点透视的规律，用长方体组合法画出沙发的结构框架。

2.确定沙发各结构的外轮廓，为后面的深入刻画奠定基础。注意不要用铅笔深入细节刻画，这样不利于线条质量的提高。

3.上墨线，先刻画沙发最靠前的部位。

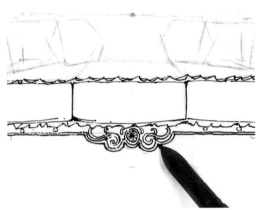 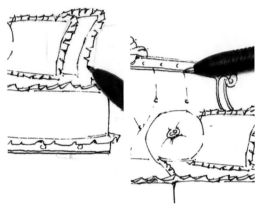 

4.刻画沙发底座的金属雕刻，注意对细节的刻画要有取舍。

5.刻画靠垫，注意前后关系及其褶皱的刻画。刻画靠背的软包和边框的各种金属装饰，注意软包的起伏感。

6.设计右上方为光源位置，表现出沙发各部分的投影。

7.完成线稿。

8.根据光源方向，用WG1和WG3号马克笔，画出沙发整体的明暗关系，注意亮部和高光留白。

9.用WG5号马克笔加重表现投影，增强立体感。

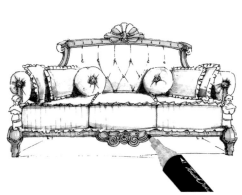  

10.用36、34号和104号马克笔表现金属装饰，注意明暗变化。

11.用WG5号马克笔填涂投影，并将沙发所有构件的暗部及投影补齐。

12.用冷灰色马克笔的细头刻画沙发细节，尽管该处较小，但同样要注意明暗关系和留白。

13.用中黄色彩色铅笔过渡马克笔的笔触，补充和丰富颜色。

14.用深色彩色铅笔强化投影的表现，丰富投影层次。

15.用白色高光笔提亮金属装饰的高光，使细节更传神。

16.用白色彩铅提亮靠垫的亮面和坐垫的高光部分，因为白色彩铅色彩柔和，用于织物的亮部提亮，会起到增强质感的作用。完成。

不同沙发的表现　　沙发在室内场景中是非常常见的表现对象，绘画时，要注意用不同的线条表现不同的质感。要把握好沙发的尺寸、比例关系、透视关系和体面结构。上色时，要根据形体的变化、体面结构来变换笔触。上色要由浅入深，笔触要灵活，留白的处理很重要，以便更好地表现出质感和体积感，忌讳平涂和满涂。

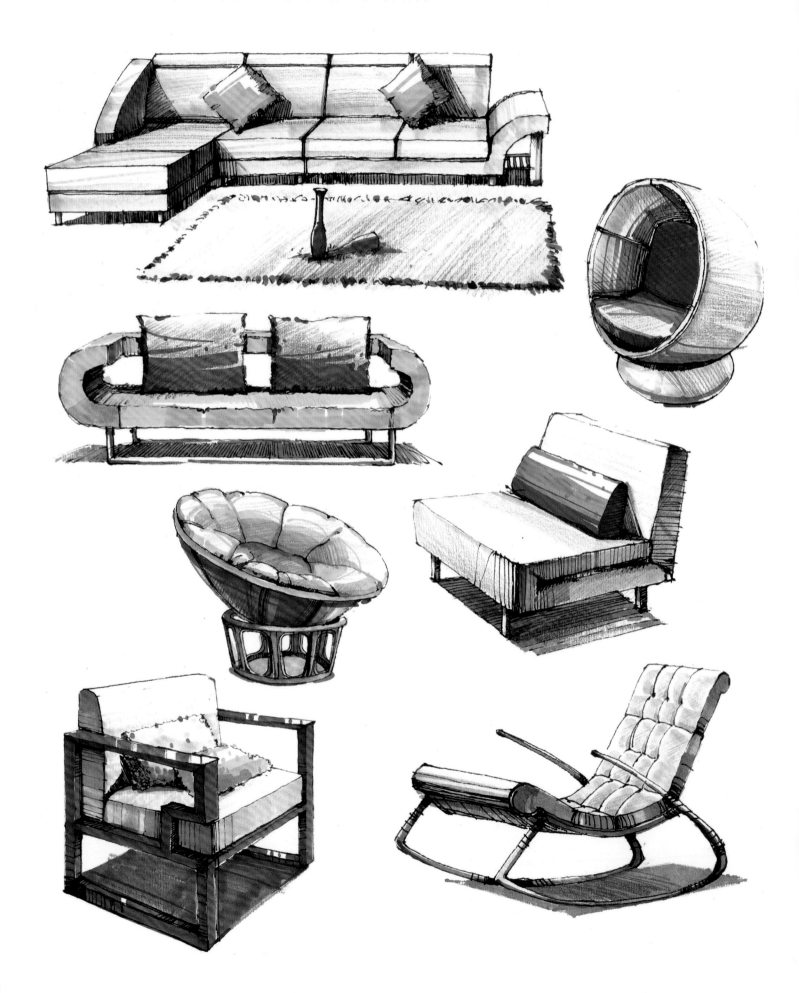

2. 欧式座椅表现步骤

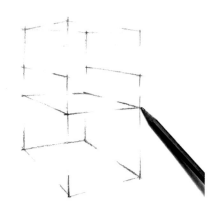

1.铅笔起稿，根据两点透视，按照长方体组合演化家具法，画出座椅的主要结构。

2.找到相关结构转折的重要位置，构建出座椅的外形轮廓。座椅靠背为圆形，可在正方形的基础上，利用对角线和各边中点连线为辅助，作为画圆的底稿。

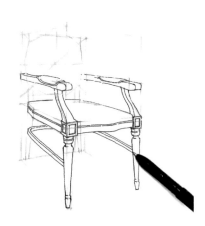

3.上墨线，画座椅最靠前的部分。注意画椅子腿时，先确定顶端和落地点的造型再进行线条连接。

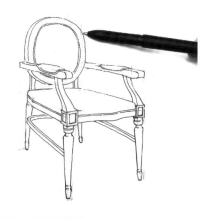

4.在底稿的基础上，画出座椅靠背。

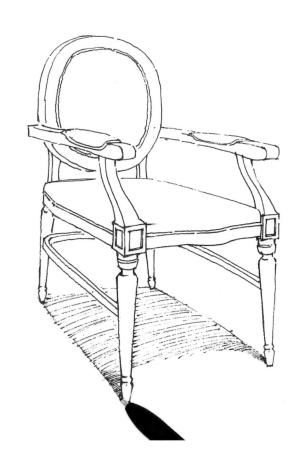

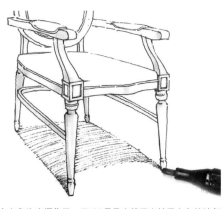

5.设置右上角为光源位置，用WG1号马克笔画出椅子白色烤漆部分的明暗关系。　6.完成线稿。

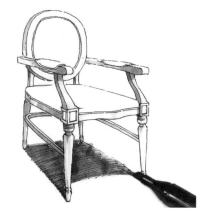

7.用WG3和WG5号马克笔进一步加强白色部分的明暗关系，并用WG5号马克笔上地面投影颜色。

8.用16和15号马克笔相结合画出座椅的红色软包部分，注意转折的高光处留白。

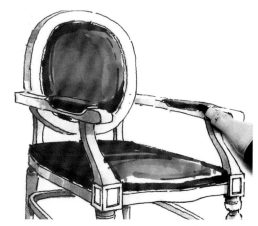

9.用1号马克笔进一步刻画红色软包部分的暗部和明暗交界线。

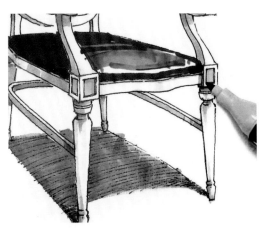

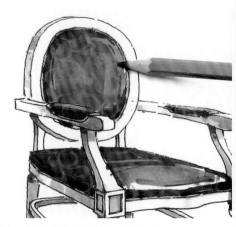

10.用36和104号马克笔相结合，刻画座椅的金属装饰，并用WG5号马克笔完善座椅各结构的投影。

11.用WG7号马克笔加重地面投影的近椅腿端颜色，增强画面的对比效果。

12.用土黄色彩色铅笔先画出座椅花纹的脉络。

13.用白色彩色铅笔在土黄色纹理上适当提亮。

14.用赭石色彩铅勾勒座椅白色部分的浅槽结构线，注意在转折高亮部分线条要断开，体现光感。

15.用赭石色彩铅适当加重座椅上的花纹暗部，使花纹结构更清晰，注意只在位置较为突出的花纹上加暗，如果加得太多，花纹会变得太抢眼。

16.完成稿。

不同座椅的表现

座椅在空间手绘效果图中既是必不可少又是比较难的绘画题材。它要求绘画者对透视关系、体面关系和尺寸感有较高的认知度。先用长方体组合法进行分析，再进行绘画时就容易把握了。为座椅上色时，要注意线条方向与结构转折的关系。

3. 床类家具表现步骤

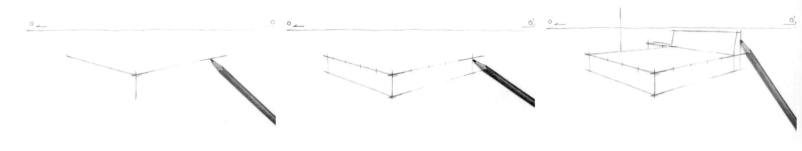

1.该床为两点透视造型，参照范图，用铅笔画出观察该床的视平线高度，将两个灭点"O"、"O′"设置在画面外两侧。开始起床的主要透视关系，首先，在适当的位置画出床垂直方向的最强转角线，再根据透视关系，过转角线顶点画出床的长和宽两条边线。注意床面与视平线较近，两条带有透视的边应尽量接近水平，其夹角约为150°钝角，这三条线将作为以后画其他结构透视线的重要参照。

2.参照范图，设置床的最强转角线高为40CM，以此长度为单位长度参照，结合近大远小的透视规律，在转角线右侧的床长边上截取5个单位长度，即为2米长作为长边；按照同样的方法，在转角线左侧的床宽边上截取4.5个单位长度，即为1.8米长作为宽边；接下来，用铅笔按照两点透视的规律完成床体的左右两面。

3.参照范图，按照透视规律用铅笔画出床头的轮廓和落地灯的中轴线。

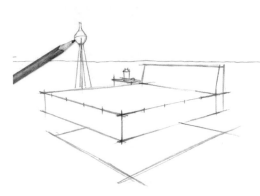

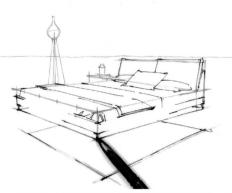

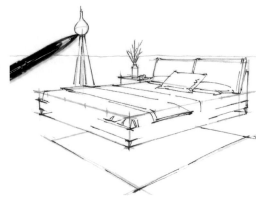

4.参照范图，用铅笔完善其他物品的结构。

5.参照范图，用0.5型签字笔由近及远地刻画床体结构，对于较长较直的结构线，难以徒手一笔画到位，可重点加强该线的起点和端点线头，将中间长直的过程线自然断开。

6.参照范图，用0.5型签字笔深入刻画家具与陈设品的结构。

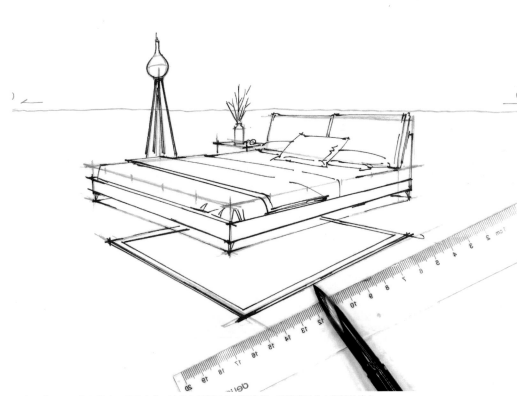

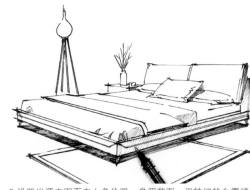

8.设置光源在图面左上角位置，参照范图，用较细的白雪牌中性笔，以斜线排出床和饰品的暗部，再按照如图的线条方向排出床的地面正投影，注意排线的疏密关系。

7.参照范图，用直尺辅助0.5型签字笔，连接之前断开的过程直线，完善家具的全部结构线条。

9.调整画面关系，完成线稿。

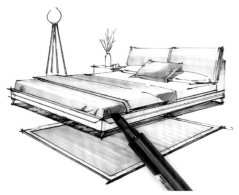 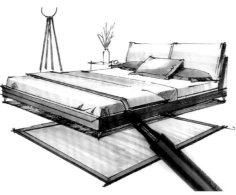 

10.用BG3号马克笔参照如图的排笔方向画出偏冷床品和靠枕的颜色，注意留白的位置；用WG3号马克笔参照如图位置画出偏暖床品和靠枕的颜色，注意亮面留白与笔触过渡；用CG1号马克笔参照如图位置画出偏冷床垫和地毯的颜色，注意亮面留白与笔触过渡。

11.用BG5号马克笔参照如图位置，画出床身、枕头的亮部和灰部颜色，同时画出冷灰色床品的投影颜色；用BG7号马克笔参照如图位置，画出床身、枕头的暗部颜色，注意反光处适当留色，以备补色；用WG5号马克笔参照如图位置，画出地毯装饰边的颜色，同时，用WG7号马克笔，提出地毯的厚度。

12.用WG7号马克笔参照如图位置，画出床在地面上的投影和落地灯的支架颜色；同时参照范图，画出床头柜及其上陈设品颜色，参考用色为：GG3、GG5、76、WG7。

13.参照范图，用36和37号马克笔细尖端，分别刻画落地灯的灯具颜色和床头靠枕的装饰边带，注意灯具亮部的留白处理。

14.参照范图，用CG3号马克笔参照如图位置强化地毯质感，先在地毯平面上按照如图的排笔方向，画出由中间向两侧过渡的层次，注意笔触由宽到细的过渡关系；再用该笔以点笔法点出地毯面上的毛绒效果，注意疏密关系。

15.根据受光规律，参照如图位置用修正液为画面提高光，加强效果。

16.整理画面关系，完成色稿。

不同床的表现

床在室内效果图手绘表现中十分常见，画床要从大体入手，把握透视关系。用笔要自如流畅，对曲线、弧线的处理要生动，对床上用品质感的体现要求较高。为床类家具上色时要根据体面结构用笔、用色。

4.几案类家具表现步骤

1.为方便起稿，先将整个茶几视为扁圆体结构，按照透视关系画出圆形截面的长轴和短轴，并在四个端点处按照透视方向用铅笔画出短弧线，以备勾勒整个圆周。

2.参照范图，用铅笔画出圆形截面，注意圆弧与长轴短轴交角的对应关系，与交角为钝角相对的圆弧，转折弯度比较平缓，与交角为锐角相对的圆弧，转折弯度比较急促。当圆周完成后用铅笔调整一下，使弧线光滑。接下来，再画出茶几的厚度，形成扁圆柱体。

3.用铅笔画出茶几的异形案面，注意应先根据圆形截面画出异形案面的正投影形状，然后拔起一定的厚度，再画出该案面最上部平面。

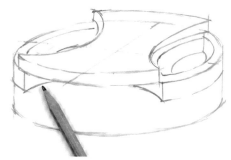

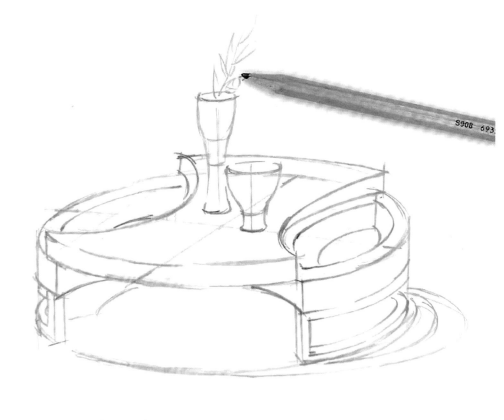

4.以圆柱体为基体，用铅笔以"减形"的方法画出茶几的两翼结构，注意应先在圆形截面上画出要剪掉形体的轮廓，然后再画出垂直的厚度和侧面。

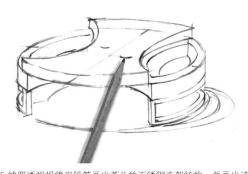

5.按照透视规律用铅笔画出茶几的不锈钢支架结构，并画出该茶几在地面上的投影轮廓，最后为桌面上放置的陈设品标出位置。

6.用铅笔细画出桌面陈设品的结构和轮廓。

7.用0.5型签字笔，由近及远地勾勒出茶几与陈设品的主要结构，注意弧线力求光滑、流畅。

8.用白雪牌中性笔画出陈设品的肌理和绿植形态，注意根据弧面对肌理进行疏密关系的控制，以突显曲面感。

9.设置画面左上角为光源位置，用白雪牌中性笔以排线的方式画出茶几的暗部与投影；再用该笔画出茶几不锈钢支架的反光效果，注意线条的疏密和高光的留白。

10.用120号黑色马克笔，以如图的运笔方向加强茶几投影最重处和陈设品的明暗交界线。

11.用120号黑色马克笔的细尖端，以如图的效果深入刻画陈设品的肌理和植物的最暗部分。

12.整理画面，完成线稿。

13.根据受光关系，用BG3号马克笔，参照如图的排笔方向画出茶几案面的亮部和灰部颜色，以及右侧两层案面之间产生的投影颜色，注意，为了突显案面光洁，运笔要以纵向笔触为主，并灵活运用笔触的粗细和疏密关系做好与留白部分的自然过渡。

14.用BG5号马克笔，画出第二层案面的背光部和投影颜色，注意反光处适当留白，以备补色。

15.用WG5号马克笔，画出茶几在地面上的投影颜色；用WG3号马克笔为茶几暗部的反光部分快速补色；用CG5号马克笔为茶几的不锈钢腿和桌面的陈设品着色。

16.用48、47、43号马克笔，分别为绿植的花朵、叶片、叶片的暗部着色。

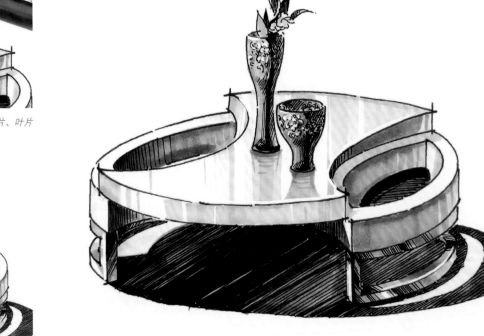

17.根据受光规律，用修正液为茶几提高光，加强效果，特别要注意桌面受光部弧形高光的提亮。

18.整理画面关系，完成色稿。

不同几案的表现

5.格架类家具表现步骤

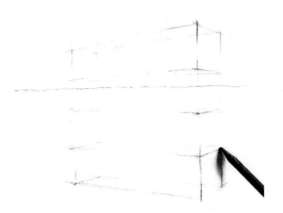

1.两点透视环境中，画出书架大体结构关系。

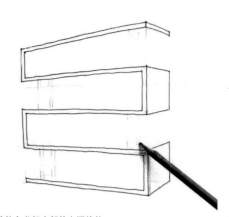

2.用铅笔补充书架内部的支撑构件。

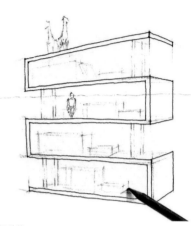

3.勾勒摆放物。

4.用墨线刻画装饰物的细节。

5.刻画装饰物细节的时候也要以透视为依据。

6.用墨线画完整套家具。

7.线稿完成。

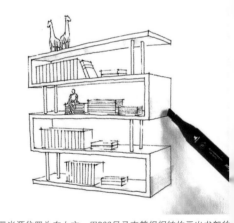

8.设置光源位置为左上方，用BG3号马克笔根据结构画出书架的暗部和灰部，靠近明暗交界线的部分可先不上色，因为要加更重的色。

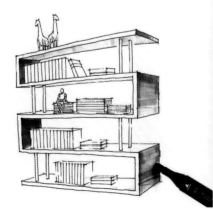

9.用BG5和BG7号马克笔相结合，进一步强调暗面。

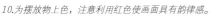

10.为摆放物上色，注意利用红色使画面具有韵律感。

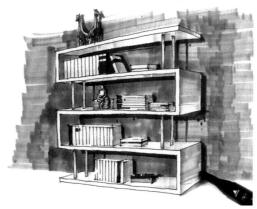

11.用WG5号马克笔表现背景，用WG7号马克笔强调投影。

12.用红棕色彩铅为书架增加墙面反光色，并用蓝色、紫色彩铅深入刻画书架细节，用褐色彩铅柔化背景。

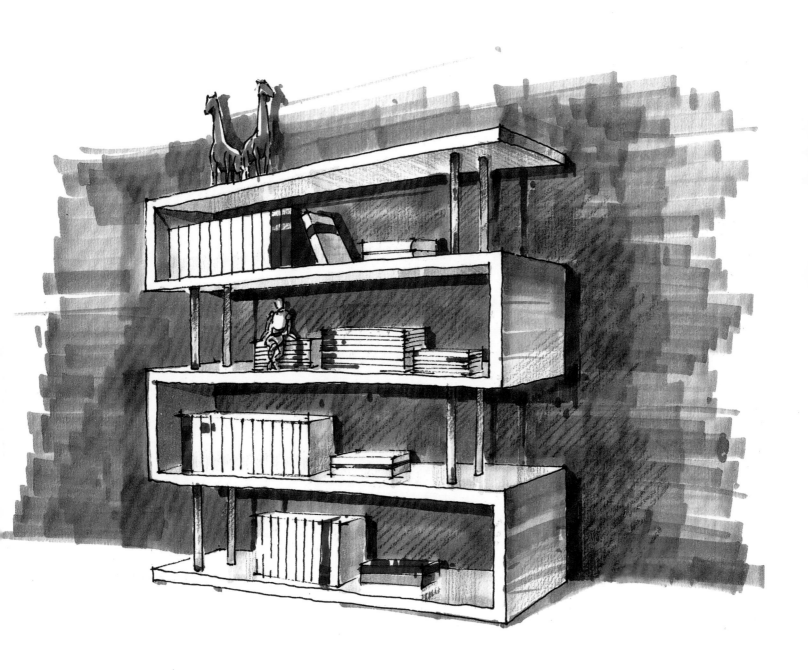

13.完成稿。

不同格架类家具表现

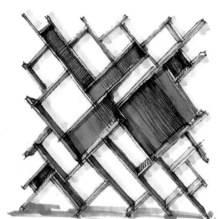

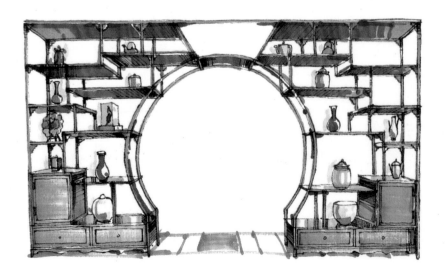

6.餐柜类家具表现步骤

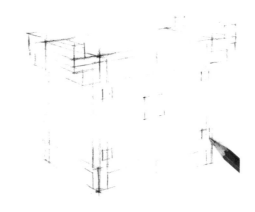

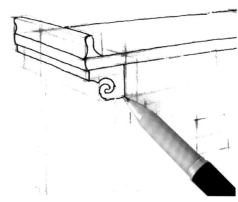

1.在两点透视环境中用长方体画出餐柜的总体比例关系。

2.进一步利用长方体的组合与分割，画出餐柜的大体结构。

3.用墨线笔上墨线，注意装饰部分的刻画。

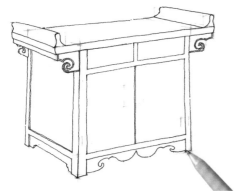

4.进一步画出餐柜的整体结构，注意曲线的绘画要流畅，做到心中有数，下笔有神。

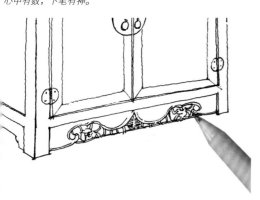

5.先整体后细节，精绘镂空的装饰纹样，可适当概括。

6.适当增加明暗关系，完成线稿。

7.设置光源位置为右上，先用赭石、红棕、褐色彩铅铺出餐柜明暗面的大体颜色。

8.用97号马克笔根据结构强调暗面颜色。

9.用马克笔细端刻画餐柜细节和投影。

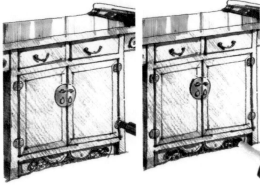

10.用107号马克笔以纵向笔触表现台面，体现其光滑的质感。

11.画出铜质的锁头，刻画底部的花纹。

12.用WG3和WG7号马克笔相结合，画出背景和投影，适当留下笔触。

13.完成稿。

不同柜子的表现

7.灯具类家具表现步骤

随着手绘熟练程度的提高，对于一些体积较小的灯具我们可直接用墨线起稿。

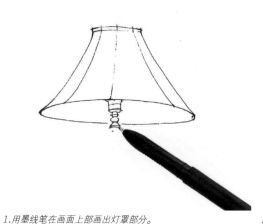

1.用墨线笔在画面上部画出灯罩部分。

2.进一步画出灯具"颈部"，但该灯具的灯身为对称式流线型，不易一笔画出，因此我们应该先在灯身的各主要转折处点下记号点，确定位置，不要急于往下画。

3.点好位置做到心中有数，则可连贯地画出灯身和底座。

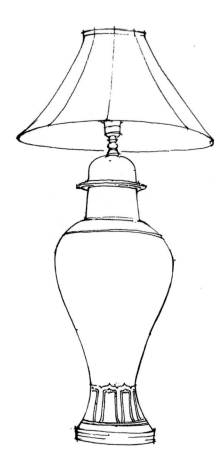

5.设置光源为灯罩，按照顶部受光规律用WG1号马克笔画出灯身的明暗关系。

4.刻画细节，完成线稿。

6.用WG3号马克笔加强明暗，凸显体积感。

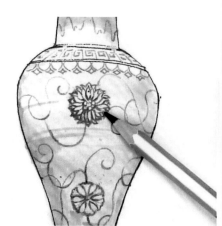

7.用36和34号马克笔刻画金属构件的颜色。

8.用蓝色彩铅勾勒青花瓷台灯底座的花纹脉络。

9.刻画花朵细节，根据受光等因素，花纹要深浅有致。

10.刻画出所有花纹，注意受光源和结构影响，线条要有虚实变化。

11.用BG5号马克笔适当提亮花纹暗部。

12.用36号马克笔给灯罩上色，注意明暗关系。

13.用黄色彩铅为灯身亮部着色，体现暖色灯光造成的色彩变化。

14.用修正液提亮瓷罐高光。

15.适当增加背景，体现灯光氛围，完成。

不同灯具的画法

8.洁具类家具表现步骤

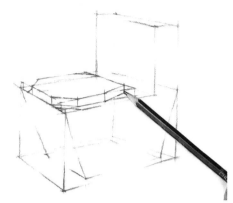

1.在两点透视环境中，按照长方体组合法，用铅笔确定马桶的基本结构和比例。

2.切割、添加几何体，完善形态的大体关系。对于半圆形的马桶盖，可在长方体的基础上用直线进行多角度分割。

3.用墨线笔在铅稿的基础上绘制线稿。

4.光源设置为左上方，用BG1号马克笔根据马桶的结构画出明暗关系，注意马桶盖用纵向笔触。

5.用BG3号马克笔进一步强调暗部。

6.用CG3号马克笔做背景，加强空间感。

7.用CG5和CG7号马克笔相结合，画出洁具投影。

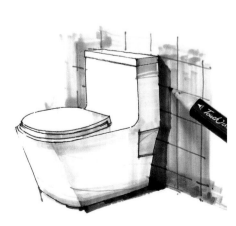

8.用BG5号马克笔细端简单勾勒背景墙瓷砖的排列，注意在投影范围内的瓷砖缝隙用BG7画，可增强画面真实感。

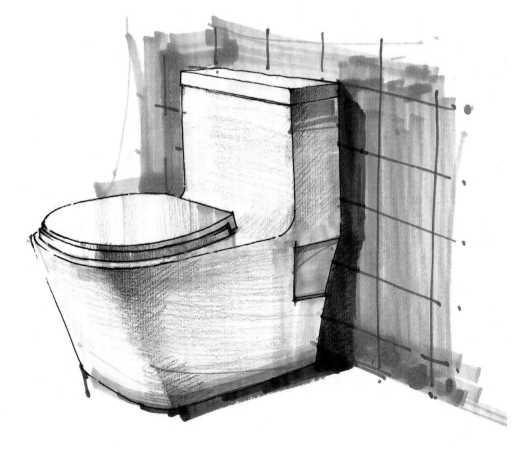

9.用蓝色彩铅细化马桶色彩，用褐色彩铅丰富投影颜色，即完成。

不同洁具的表现

9.饰品类家具表现步骤

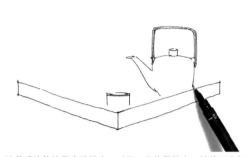

1.随着手绘熟练程度的提高，对于一些体积较小，结构不太复杂的饰品，我们可直接用墨线起稿。

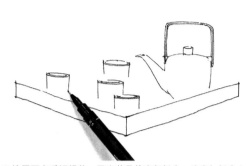

2.按照两点透视规律，画出茶具的底部托盘。注意与托盘立面边缘留出一定距离。

3.设置光源为右上方，用BG1和BG3号马克笔相结合的方法，围绕形体结构给白瓷茶壶和茶杯上色。

4.用107号马克笔画出木质托盘的亮部和灰部，用36号马克笔画出托盘内织物颜色。

5.用97号马克笔画托盘暗部。

6.用102号马克笔强化托盘暗部，用WG5号马克笔细端勾画茶壶提手暗面，用104号马克笔刻画织物表面上的茶具投影。

7.根据托盘的形态，用WG5号马克笔画出托盘的投影。

8.用蓝色彩铅细化白瓷茶具。

9.完成稿。

不同饰品陈设的表现

四、室内绿植花饰表现步骤

室内绿植与花饰的分类比较多，其表达方式各有差异，本书除了对绿植进行了较详细的分类，还精选部分绿植花饰进行表现步骤详解。

1.木本植物散尾葵表现步骤

1.画出植物的枝干走向，勾勒出植物叶片的大体形态。

2.用59号马克笔为较近的枝叶着色。

3.设置光源为右上方，用冷灰色马克笔画出花盆的颜色，用笔干脆，体现光滑的质感，用47号马克笔画靠前枝叶的暗部和较远枝叶的全部颜色。

4.用43号马克笔加强较近枝叶的暗部和转折处颜色，加强对比，同时大面积地为靠后的枝叶着色，从而充分表达出叶片的前后关系。

5.用CG9号马克笔点画最靠前叶片的转折处，拉近其空间关系。

6.用褐色彩铅弱化花盆上马克笔的笔触，避免过于生硬。

7.画出投影，完成。

不同木本植物的画法

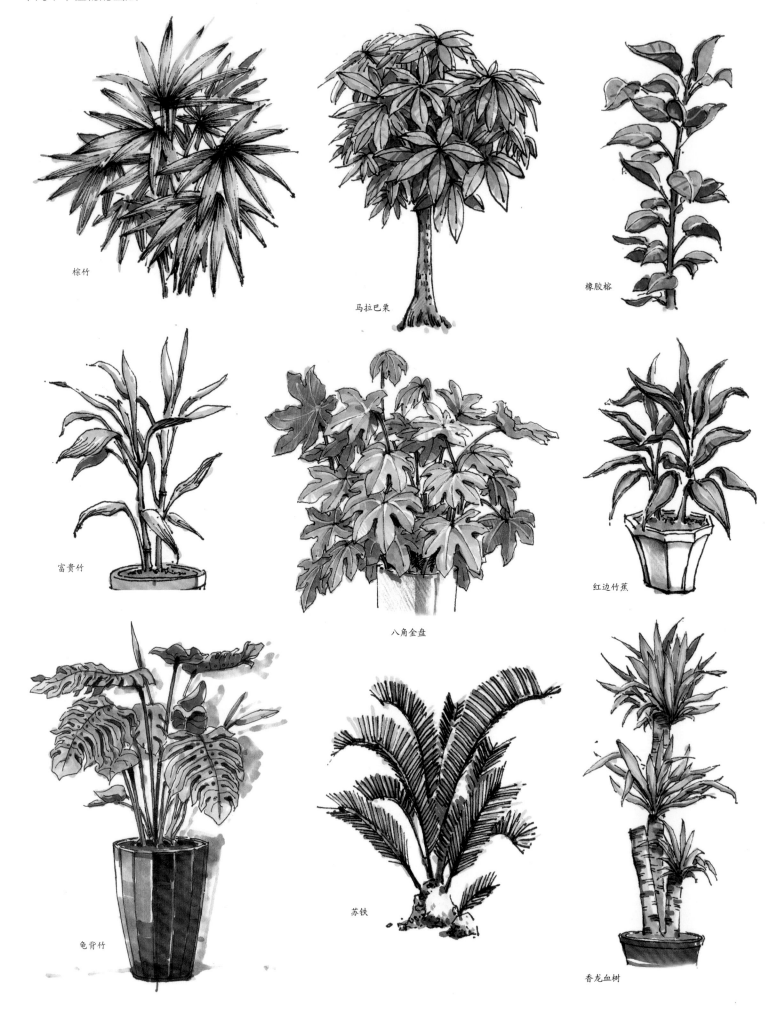

棕竹

马拉巴栗

橡胶榕

富贵竹

八角金盘

红边竹蕉

龟背竹

苏铁

香龙血树

2.草本植物仙客来表现步骤

1.用铅笔画出植物的大体轮廓，用墨线笔直接画出最靠前的几个叶片形态。

2.丰富叶片，并完成植物根茎的绘制，注意植物茎叶的前后遮挡关系。

3.设置光源为左上方，用167号马克笔为植物茎叶全面着色，用9号马克笔画出花朵的明暗关系。

4.用47号马克笔添加茎叶的固有色，适当留出167号的底色。

5.用43号马克笔画出较近茎叶的背光部分和较远茎叶全部的颜色，突出前后关系。

6.用83号马克笔强调花瓣的前后关系。

7.用WG3号马克笔画出植物根部的明暗关系，用CG3号马克笔示意土地颜色。

8.用高光笔勾画叶脉及高光。

9.完成稿。

不同草本植物的表现

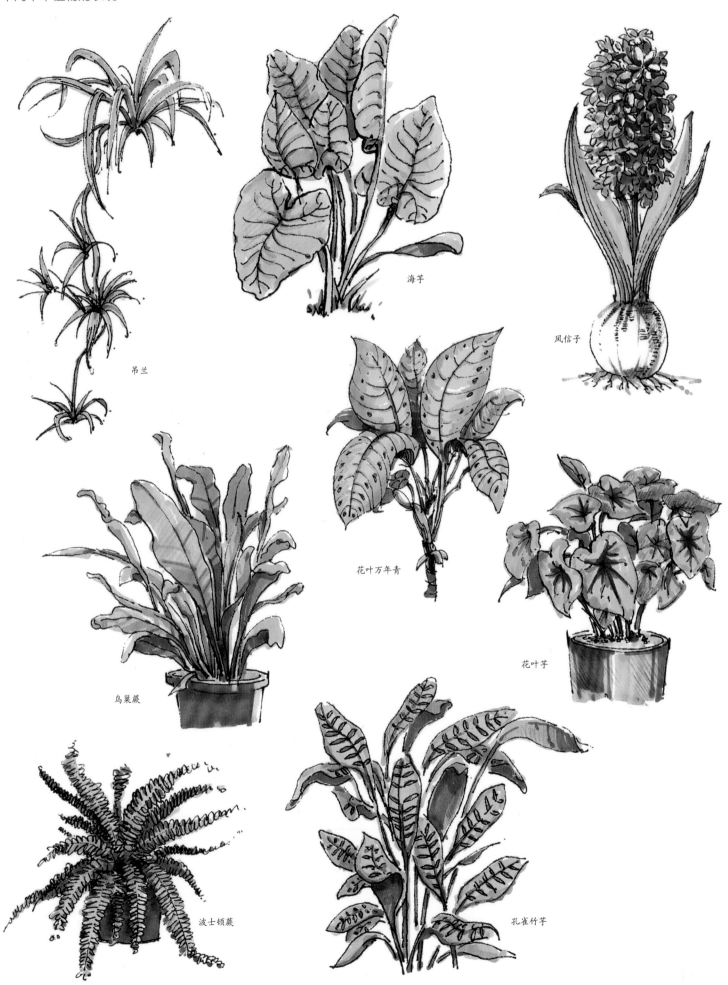

吊兰

海芋

风信子

花叶万年青

鸟巢蕨

花叶芋

波士顿蕨

孔雀竹芋

3.藤本植物表现步骤

1.尝试直接用墨线笔起稿，先用点线确定植物的位置、大小、高度，然后由上到下开始刻画植物。

2.中间的立棍为植物叶子的发源地，按照这一生长关系，画出各角度叶片的基本形态，注意前后关系，近大远小。

3.逐步完善细节，并用排线法塑造明暗和投影关系。

4.设置左上方为光源，用48号马克笔画出靠前叶子的明暗关系。

5.用47号马克笔以点涂的方法表现靠前叶子的暗部和靠后叶子的全部。

6.用WG5和102号马克笔相结合画绿植的中轴立棍，用BG3号马克笔先画出花盆整体的明暗关系，再用183号马克笔画出花盆表面的基本纹理。

7.用BG5号马克笔细端刻画纹理的暗部，特别是明暗交界线的位置要重点画，注意虚实关系。

8.用CG3号马克笔画出植物的投影，注意投影的形态要以植物的形态为基础，投影颜色不要画得太深。

9.完成稿。

仙人掌

绿萝

常春藤

喜林芋

念珠串

芦荟

金边虎尾兰

十二卷

第二节 组合体家具表现

组合体家具比单体家具的表现略显复杂，不但要以长方体组合法构造其透视和比例关系，还要注意组合体各组成部分的落地位置和前后关系。总之，先从整体入手再进行细节刻画是保障作品有效完成的最佳方式。

一、沙发组合表现步骤

1.画出视平线，确定一点透视的消失点。

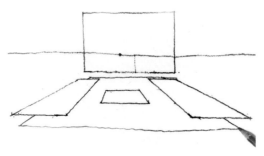

2.画出背景墙的基本结构，并在地面上靠目测确定沙发、茶几、地毯的平面位置和比例关系。

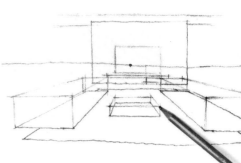

3.在上一步的基础上，画出沙发、茶几的高度。

4.用墨线笔按照由近及远的顺序先画右侧沙发，注意沙发三个靠垫的比例关系不易直接用线画准，因此可按照透视关系，先用点确定其位置。

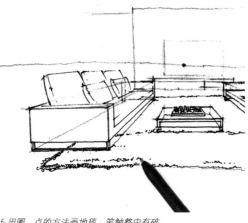

5.用圈、点的方法画地毯，笔触整中有碎。

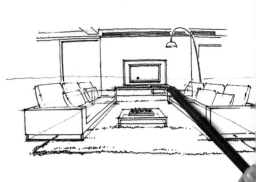

6.画出电视、背景墙、吊顶和落地灯，进而完成线稿。

7.该图表现在自然强光下的家具效果，上色前首先确定光照在背景墙和沙发上的位置，以及各家具的投影形状，用WG1号马克笔简略画出。

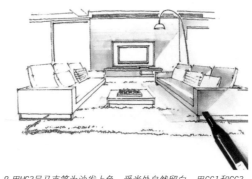

8.用WG3号马克笔为沙发上色，受光处自然留白，用GG1和GG3号马克笔相结合的方法，按照上部亮下部暗的色彩关系画出背景墙颜色，受光处自然留白，如此可使画面产生强烈的光感效果。

9.用185号马克笔画出地毯的颜色，靠前部分留出高光区域，为了强调毛毯质感局部可进行点涂表现。

10.用WG5号马克笔细端调整沙发坐垫的细节。

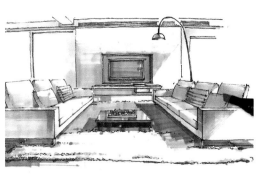

11.用马克笔完成左侧沙发、茶几、远景空间、电视机以及沙发靠垫等内容的着色。

12.用BG5号马克笔画出家具在地面上的投影，用CG7号马克笔强化部分暗色，加强画面对比效果。

13.用深蓝色彩铅丰富地毯的色彩层次。

14.暗红色彩铅丰富沙发的颜色。

15.用修正液提亮地毯上的高光。

16.完成稿。

不同沙发组合的表现

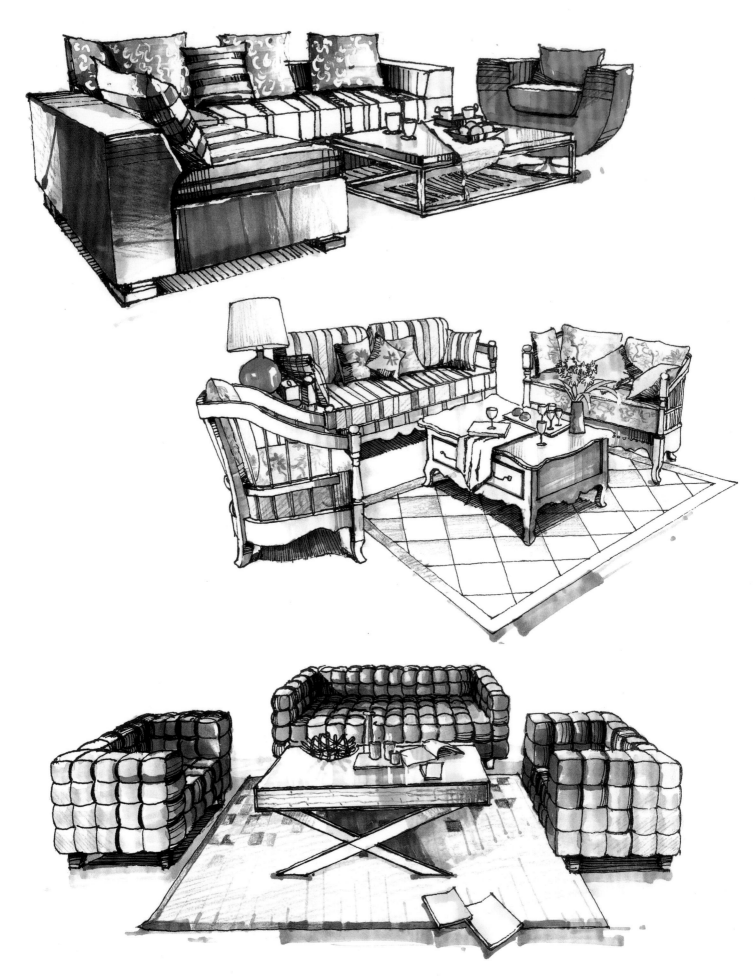

作者：李尚

二、餐桌椅组合表现步骤

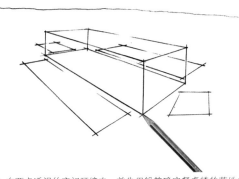

1.在两点透视的空间环境中，首先用铅笔确定餐桌椅的落地位置，再根据目测比例抬升餐桌高度（可用直尺辅助）。

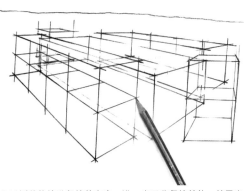

2.目测整体抬升餐椅的高度，进一步区分餐椅单体，并画出座面。

3.用墨线笔上墨线，首先刻画较近的餐椅。

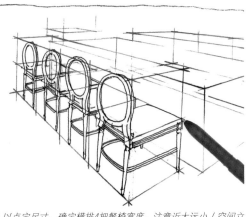

4.以点定尺寸，确定横排4把餐椅宽度，注意近大远小（空间立方体训练所形成的分寸感在该环节将起到重要的作用）。

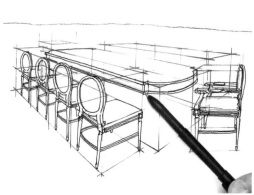

5.勾画餐桌的桌面，注意欧式线角的细节。

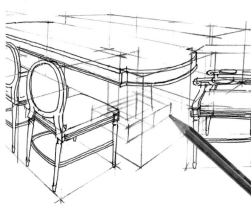

6.餐桌腿为罗马柱底座，细节和比例均不易直接画出，因此可用铅笔按长方体组合法画出其轮廓。

7.刻画餐桌上的各种用品。

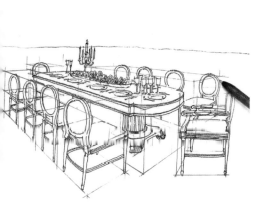

8.根据空间透视，刻画另一面的餐椅。

9.完成线稿。

10.设置光源为画面右上方,先用WG3号马克笔画出欧式餐桌椅的明暗关系。

11.桌面用纵向笔触上色,体现它的光滑质感。

12.用WG3号马克笔画出餐桌底座的颜色,注意受光部位的留白和形体转折。

13.用WG5号马克笔加重整套家具的暗部颜色,增加立体感。

14.用15号马克笔铺满座椅布艺的部分,布艺的质感略粗糙,不留白。

15.用1号马克笔加重座椅暗部颜色。

16.点缀桌面用品颜色。

17.用34号马克笔刻画餐桌金属装饰的颜色。

18.用WG5号马克笔画出所有投影。

19.用WG7号马克笔对投影中较重部分加以强调。

20.用金色彩铅勾勒出餐椅上的花纹脉络。

21.用高光笔调整花纹亮面。

22.用褐色彩铅补充投影颜色。

23.桌面要稍加红色，以体现桌面对周边红色椅靠的反光。

24.用BG3号马克笔简单勾勒餐桌椅后面的背景，虚实有度。

25.完成稿。

不同餐桌椅的表现

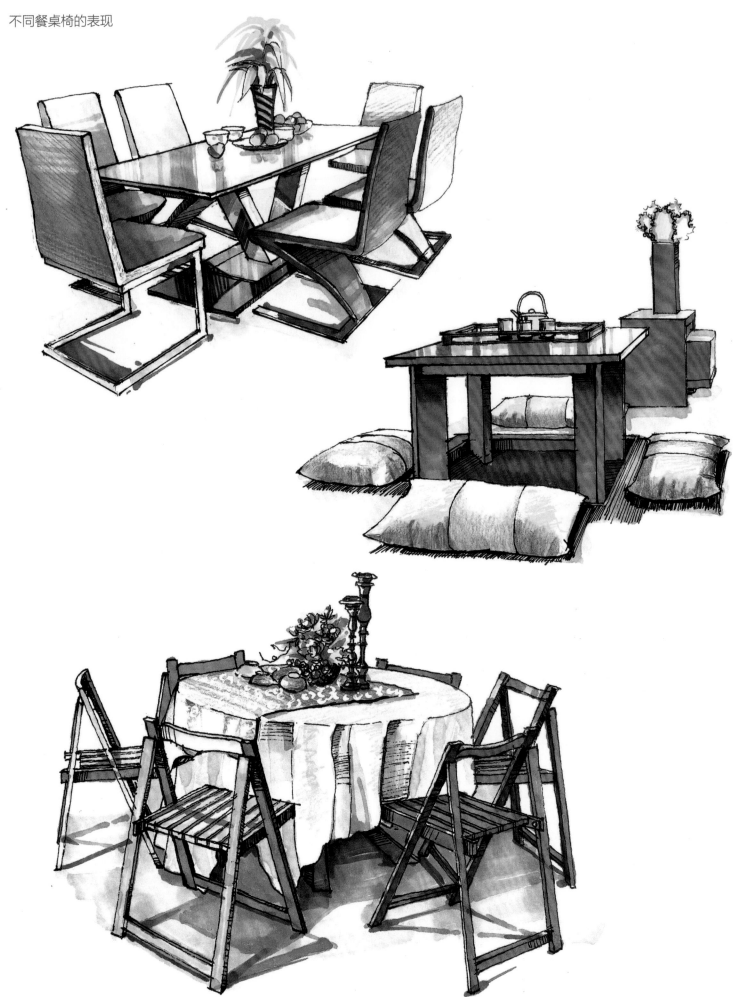

作者：李尚

三、其他类组合表现步骤

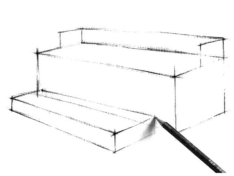

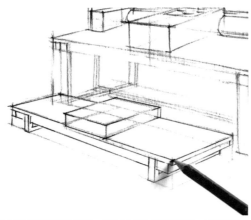

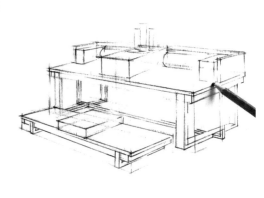

1.在两点透视的环境中，利用长方体组合法，用铅笔确定座椅的比例和空间位置关系。

2.画出座椅的结构细节，因为中式家具线角较多，可用直尺辅助。

3.该组合家具结构较多，为了在画墨线稿时能够准确，必须在画铅笔稿时充分刻画各种体面关系。

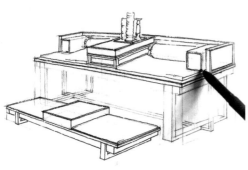

4.用墨线笔上墨线，先画家具未被遮挡的部分。

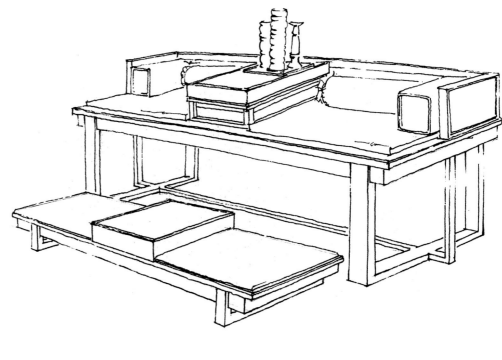

5.将细节画得深入细致，而且要注意画面虚实。

6.擦掉铅笔稿，完成线稿。

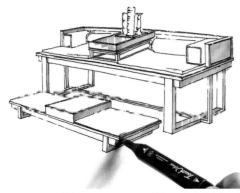

7.设置光源为画面右侧，先用10/号马克笔画出灰部和亮部，并留出高光。

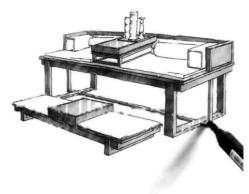

8.用97号马克笔画出暗部的颜色。

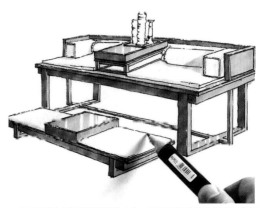

9.用WG1号马克笔根据光源的方向，画出坐垫的明暗关系和投影。

10.用36号和104号马克笔相结合，画出靠枕上的黄布装饰，用较纯颜色点缀饰品。

11.用WG5号马克笔画出结构的投影，并用102号马克笔对床榻木结构的暗部加以强调。

12.用赭石与黄色彩色铅笔相结合丰富坐垫颜色。

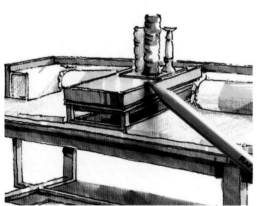

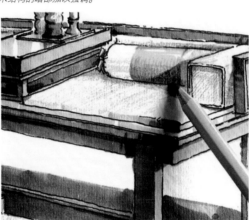

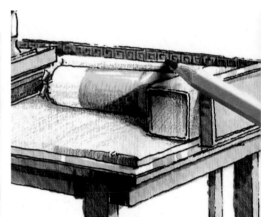

13.用红色彩铅加入台面反光色。

14.用褐色彩铅深入刻画投影，增强空间感。

15.用褐色彩铅刻画床榻上的细节花纹，注意花纹排列的规律性。

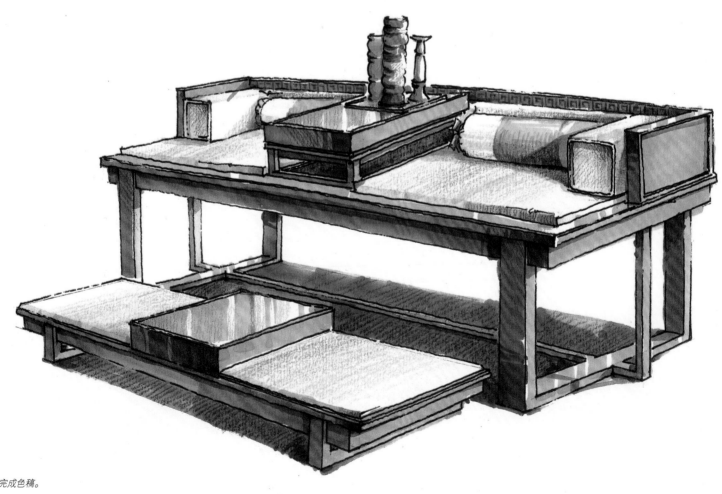

16.完成色稿。

不同家具组合的表现

作者：李尚

第四章

根据室内平面
方案画透视图

本章重点从设计与手绘相结合的角度，讲解室内
设计手绘平面图的表现方法，室内表现图构图的
基本规律。特别是以透视方法为依据，具体展示
了书房、卫生间、厨房等家居空间从平面图到透
视图再到效果表现的全过程。

第一节 室内平面图表现

室内平面图是进行设计的起跑线，也是绘制透视表现图的依据。进行手绘平面图表现更有利于充分发挥设计师的构思，其具体步骤如下：

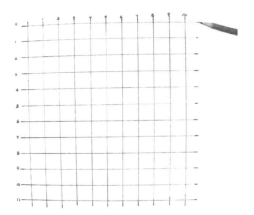

1.根据户型的总长，用铅笔在纸面上绘制横纵网格，网格比例自定，但每格相当于边长为1m的正方形。

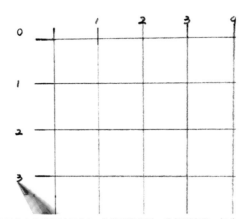

2.在网格左上端标注远点0，并按照横纵轴一次标明序号，如此在绘制平面图时将有尺可依。

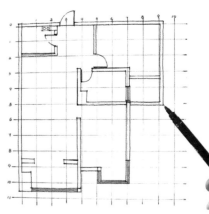

3.在网格的辅助下我们可以直接用墨线笔，很轻易地画出户型的平面结构图。

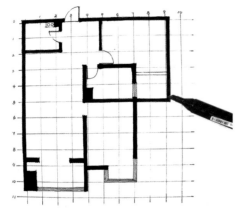

4.再用120号马克笔把平面图中所有的墙线部分加深。

5.在户型结构图基础上，根据网格线的尺寸直接用墨线设计并绘制具体家具。

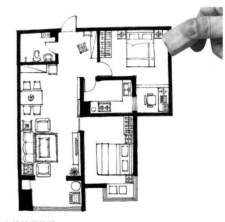

6.用橡皮擦掉网格线。

7.用墨线为平面图加上地砖、木地板等铺装。

8.墨线稿完成图。

9.开始着色，先用马克笔大面积地铺当地铺装的质感（细节用号25、36、97、105）。

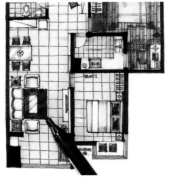

10.用马克笔为所有家具上色，上色时注意自定义光源方向，并注意选色及笔触方向对质感的表达。

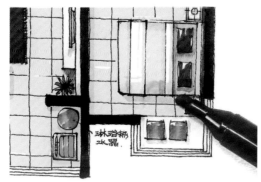

11.在自定义光源的背光处，为所有家具画上投影。

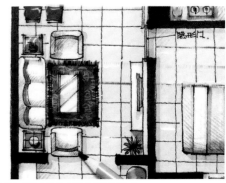

12.用彩色铅笔为部分主要家具加强质感。

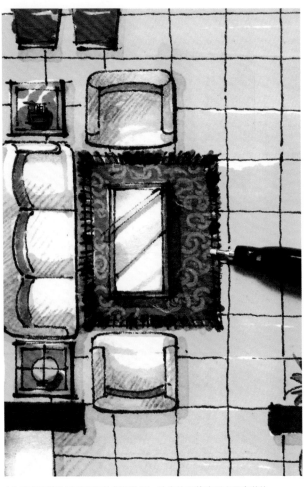

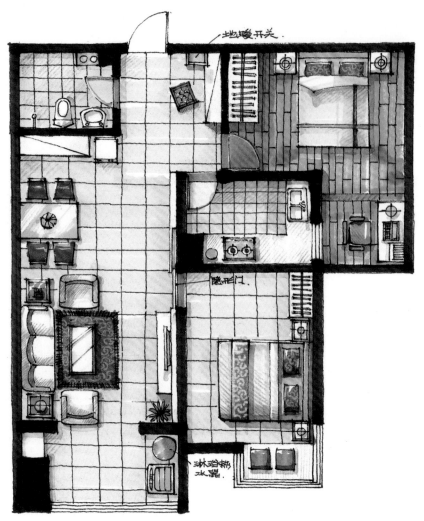

13.用高光笔为地毯等织物刻画纹理，注意纹理的造型应具有装饰性，不能过于随意。

14.完成图。

第二节 室内空间透视的构图

好的画面需要理想的构图，对于室内设计表现图来说，进行理想的构图，要对视平线、消失点、平面中的视角三个要素格外注意。以下我们分别举例说明这三要素与表现图构图的关系。

一、视平线位置与室内空间透视构图的关系

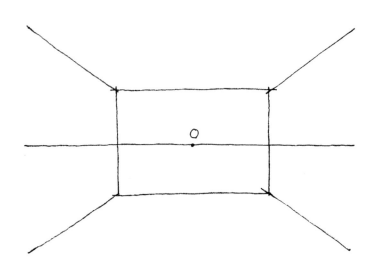

1.视平线在垂直方向居中，在透视图中所看到的地面与顶面面积基本相当，画面视角偏上，显得比较平淡。

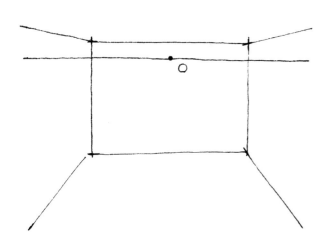

2.视平线在垂直方向偏上，在透视图中所看到的地面面积大而顶面面积小，画面视角过高，显得空间低矮。

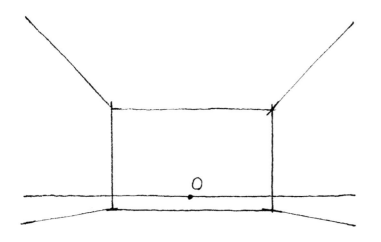

3.视平线在垂直方向偏下，在透视图中所看到的地面面积过小而顶面面积偏大，画面视角过低，显得空间较高。如强调顶平面造型设计，该视角比较适合。

二、视点位置与室内空间透视构图的关系

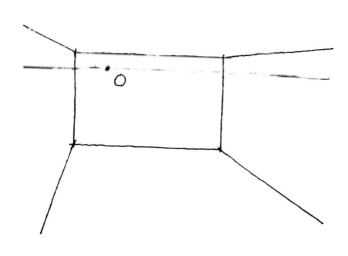
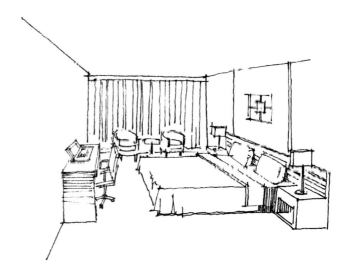

1.视点偏左上，在透视图中能比较清晰地表现右侧墙面及地面家具的内容。

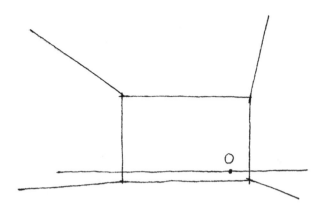
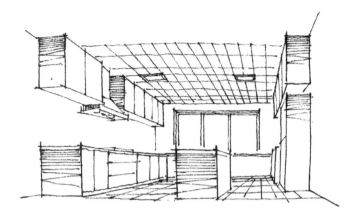

2.视点偏右下，在透视图中能比较清晰地表现左侧墙面及顶平面的设计内容。

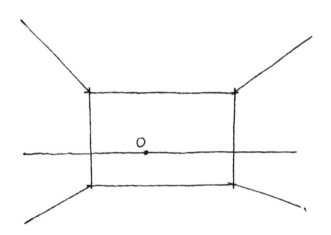

3.推荐：视平线在距地面80cm-120cm，视点在距左墙或右墙的黄金分割点处，所产生的室内透视表现图看起来是最舒服的，能够比较清楚地表达各界面的设计造型，而且可以对左墙或右墙面的重点设计予以突出（即视点偏左突显右墙，偏右突显左墙）。

三、平面中的视角与室内空间透视构图的关系

一幅幅室内空间透视图的形成，都是人在该空间不同位置、不同高度、目视不同角度所呈现的场景效果。本环节分别根据三种透视法，以人在同一空间中的不同视角所看到的场景为例，说明视角与室内空间透视构图的关系。本环节透视图选取的视平线距地面高度为80cm～120cm。

1. 一点透视平面中的视角与室内空间透视构图的关系

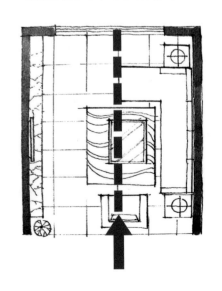

1.视角为房宽正中位置，
所形成的透视构图左右界
面相当，如此构图，必须
通过左右非对称造型的设
计表现使画面形成相对平
衡的效果，避免呆板。

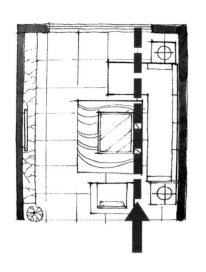

2.视角为房宽偏右位置，所形成的透视构图对电视背景墙的造型予以强调，主次分明，比较理想。

2. 一点斜透视平面中的视角与室内空间透视构图的关系

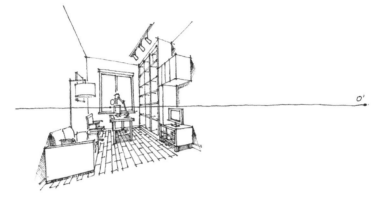

1.视角自左往右看，根据一点斜透视原理，室外消失点0′在画面右侧，所形成的透视构图对房间右侧有强调性。

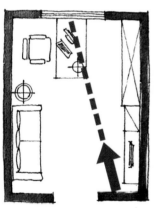

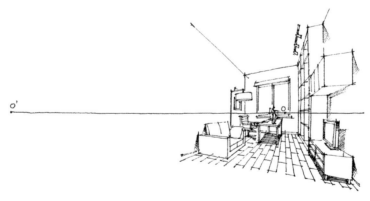

2.视角自右往左看，根据一点斜透视原理，室外消失点0′在画面右侧，所形成的透视构图对房间左侧有强调性。

3. 两点透视平面中的视角与室内空间透视构图的关系

如图所示，两点透视中当视角为45°时，两墙交线位置在两消失点的中间，透视构图中两面墙比例相当。

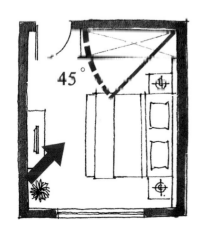

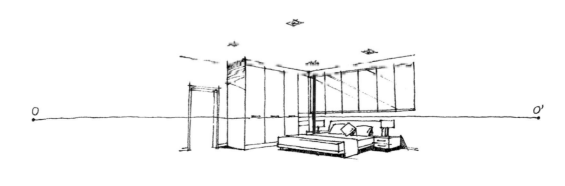

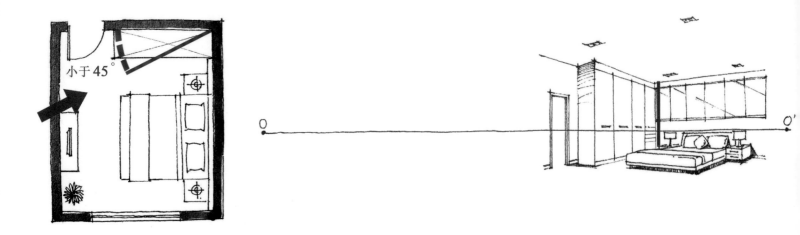

两点透视中当视角小于45°时右侧的物体透视线较缓，比例适中，左侧物体透视线较陡，显得形体比较"短"。

第三节
根据平面进行一点透视法
的效果图表现

本节将讲述根据书房平面图，绘制一点透视室内表现图的详细步骤。

平面图及视角

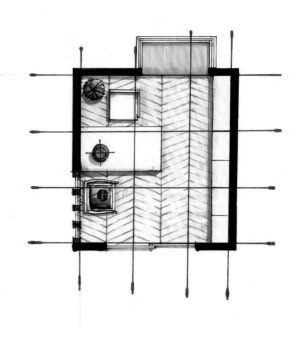

根据网格可以估算本书房宽2.8m，进深3m。

按比例构造空间

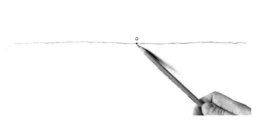

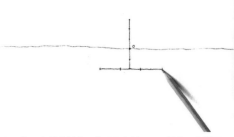

1.在距纸面下边1/3处画视平线，在水平居中位置点下消失点0。

2.房高为2.5m，我们以0.5m为单位长度，视平线以下留1m高度，以上留1.5m高度，注意垂线不要画太长，否则构图将偏大。

3.以0.5或1m为单位长度，在垂足左侧画1.5m长度，右侧1.3m长度，注意垂足两侧1.5m的位置分别点下一个截取点。

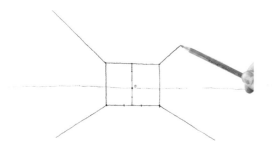

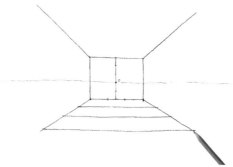

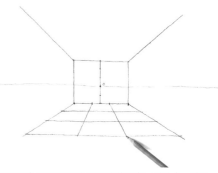

4.根据垂直线和水平线的长度画出空间最里侧的矩形墙面，并按照一点透视的方法画出各墙透视线。

5.参照空间最里侧矩形中的1m长度，在左下透视线上截取3个1m距离，并在截点上分别画水平线，延长至与右下透视线相交，注意近大远小的规律。

6.分别连接消失点和最里侧矩形底边的两个1m等分点，并延长至图中效果。注意，现在地面上的网格与平面图中的网格是一致的。

落平面、抬升高度、起稿造型轮廓

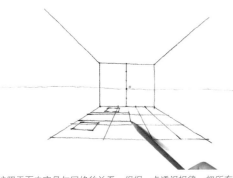

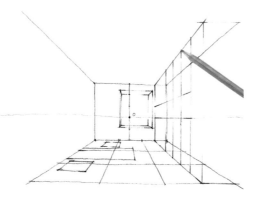

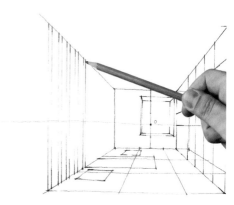

7.按照平面中家具与网格的关系，根据一点透视规律，把所有家具的平面落在透视图的地面网格中。

8.画出最里侧墙面的飘窗，并画出右侧书柜的高度。细化书柜结构。

9.先画出左墙隔断在地面上的落点，通过落地点画垂线，构建出左墙隔断的基本造型。

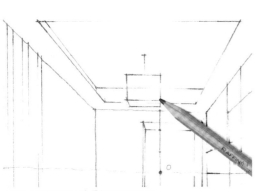

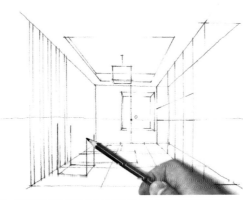

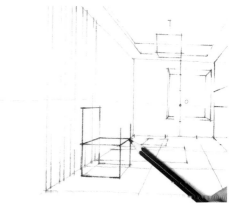

10.按比例画出吊顶和吊灯的结构轮廓。

11.在座椅平面的各端点上画垂直线（为与其他线稿区分清楚，特用彩色铅笔绘制）。

12.视平线高度为1m，在平面与视平线之间的垂直高度上如图截取9/10作为靠背高度，截取2/5作为座面高度，并将4个截取点连接形成座椅面，此时座椅靠背高0.9m，座椅面高0.4m。

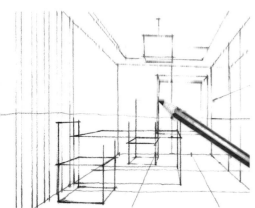

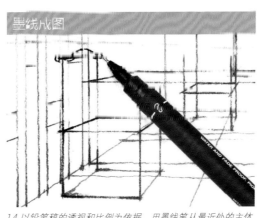

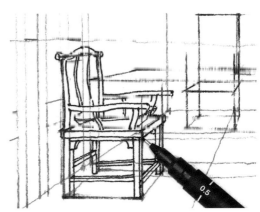

13.以视平线距地平面为1m的距离作为参照，用上图的截取方法截取桌面高度0.75m，桌后座椅靠背高度1.4m，座椅面高0.4m（为与其他线稿区分清楚，特用彩色铅笔绘制）。

14.以铅笔稿的透视和比例为依据，用墨线笔从最近处的主体家具开始画。

15.画中式座椅要注意细节，特别是小的透视面。

16.继续画桌子和桌面陈设。

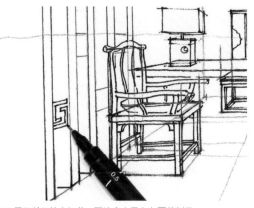

17.画隔断及其小细节，要注意水平方向面的刻画。

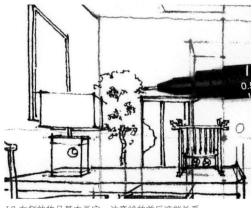

18.左侧的物品基本画完，注意线的前后遮挡关系。

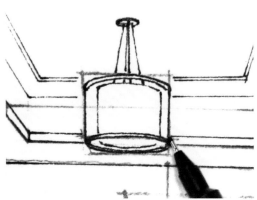

19.画吊顶和吊灯，在立方体的范围内画圆柱体较为容易。

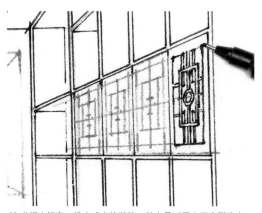

20.书柜中间有一排中式木格装饰，基本是以同心正方形为主，比例较严格。为了稳妥起见，可先用铅笔画出主要结构，再用墨线笔画细节。

21.在书柜内画出各种陈设，注意近实远虚。

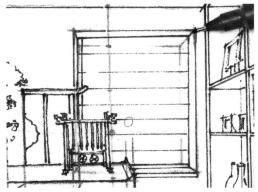

22.画出最里侧墙面的飘窗。

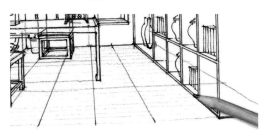

23.斜拼的木地板难以一次性画出，我们可以按照每块木地板的长宽，先用铅笔画出直拼状态下的格线。

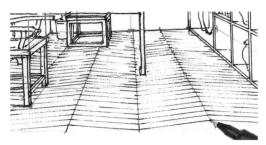

24.再以连接每格对角线的画法，直接用墨线画出完整的斜拼地板。

25.墨线画出主体家具的正投影，增加画面的对比，线稿完成图。

马克笔着色

26.先用较浅的冷灰色系马克笔画顶面和里面墙，顶面应由里向外逐渐留白，里面墙可以平铺。

27.继续用蓝灰、绿灰画出隔断和书柜的背光面，暖灰色画地面，注意隔断和书柜的近景部分可大胆留白。

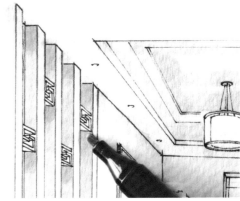

28.用绿灰色强调隔断的投影细节。

29.用冷灰色画座椅和书桌，注意适当留白和留下笔触表示光泽感，特别是书桌，其台面要用纵向笔触画。

30.用马克笔点缀部分纯色，如图红色部分用15号，吊灯用36号，装饰画用25号，注意笔触和留白。

31.用马克笔加部分重色，台灯座和坐垫用CG5、CG7号，悬挂的毛笔和地面投影用WG5、WG7号，书柜装饰板的重色用1号笔加强。

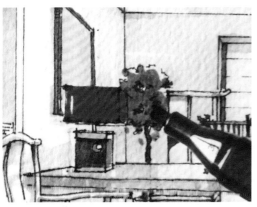

32.用43号马克笔画绿植。

33.用36号马克笔在地面上画出黄色光源照在其上的效果，注意近景可多加，往后逐渐减少，如此还可以通过色彩的纯灰对比增加空间进深感，同时为书柜中的各种陈设品上色。

34.最后用CG7号马克笔把较近位置的转折处和明暗交界线加强一下，因为座椅、桌子、吊顶、隔断等物体的转折处加强后会使画面对比更加强烈。

刻画细节

35.用深红色马克笔加吊灯的纹理，用棕色、褐色马克笔刻画装饰画的内容（不必太细，但要有形，在与整体的比较中画）。

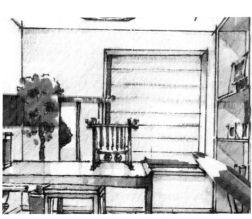

36.用蓝色彩铅为飘窗的窗帘上色，轻轻排调子即可。

37.用红色、绿色的彩铅画出台灯、绿植在桌面上的反射色，用修改液画出桌面、座椅以及主要饰品的高光。

第四节
根据平面进行两点透视法的效果图表现

本节将讲述根据厨房平面图绘制两点透视室内表现图的详细步骤。

根据网格可以估算本厨房宽5.6m，进深6m。

平面图及视角

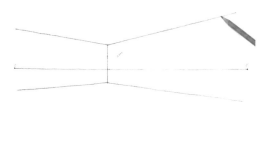

按比例构造空间

 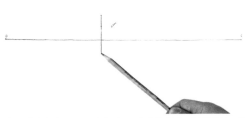

1.在距纸面下边2/5处画视平线，在视平线两端最靠近纸边的位置点下消失点O和O'。

2.假设该房高为2.8m，我们以1m为单位长度，视平线以下预留1m高度，以上预留1.8m高度，如此，视平线距地面高度正好1m。

3.根据两点透视规律，分别连接两个消失点画出房间的结构透视线。

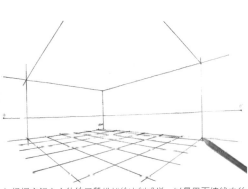 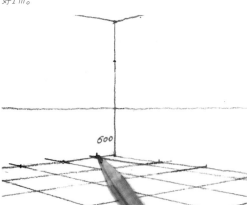

落平面、抬升高度、起稿造型轮廓

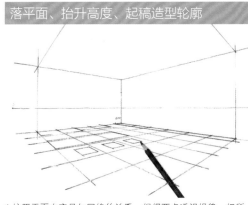

4.根据空间立方体练习所找到的比例感觉，以最里面墙线中的1m长度为标准，在该线左侧画出5.6m的宽度，右侧画出6m宽度，并在地面连出如图的网格线，注意近大远小的规律。

5.注意垂线左侧最近的距离截取了0.6m，而不是1m。

6.按照平面中家具与网格的关系，根据两点透视规律，把所有家具的平面落在透视图的地面网格中。

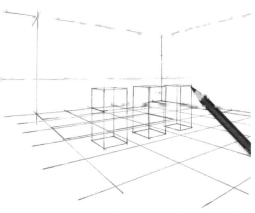 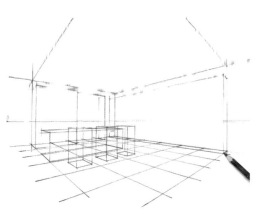 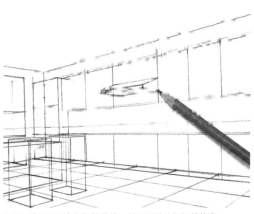

7.视平线高度为1m，在平面与视平线之间的垂直高度上如图截取9/10作为吧台椅的高度，画出长方体（为与其他线稿区分清楚，特用彩色铅笔绘制）。

8.按照上述方法，画出吧台高度为0.8m，沿墙橱柜总高2.4m。

9.用铅笔画出所有橱柜结构线，并画出抽油烟机的轮廓。

墨线成图

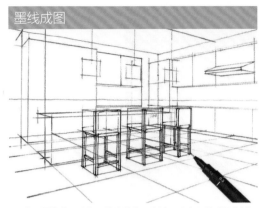

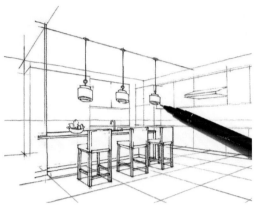

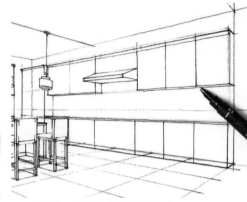

10.先用墨线笔画出位置最靠前的吧台椅，注意细节透视的刻画。

11.用墨线笔画出吧台（带水龙头和果盘）、墙线以及吊灯，注意吊灯固定在屋顶的那条辅助线不加墨线！

12.用墨线笔画出橱柜和抽油烟机的结构。

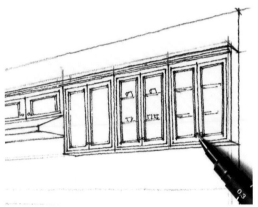

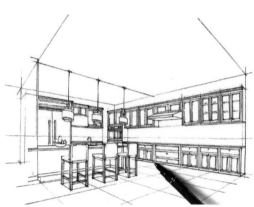

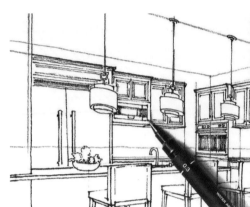

13.细化吊柜结构。

14.用墨线笔完成所有主要家具的细节。

15.橱柜的细节刻画。

16.陈设的细节刻画。

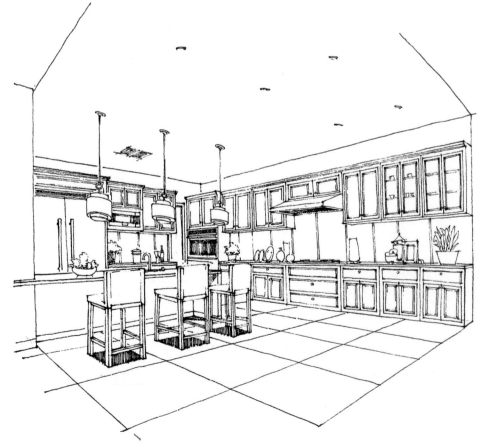

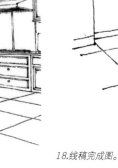

17.画出主要家具的投影，可增加画面对比效果。

18.线稿完成图。

彩色铅笔配色、铺色调

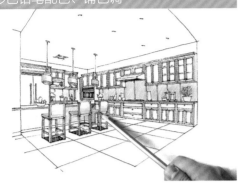

19.用黄色、橙色彩铅分别画出相关家具的颜色，用彩铅上色也要注意物体的明暗关系。

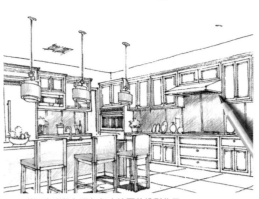

20.用赭石色彩铅加强橱柜在墙面的投影位置。

21.用蓝色、灰色彩铅为顶面和橱柜上方的墙面铺设调子。

22.用棕色彩铅为地面铺色。

23.用深灰色彩铅以斜向笔触画橱柜面的色彩，注意笔触方向要一致，同时注意为反光留白。

24.用紫色彩铅画出抽油烟机的明暗关系。

25.用橙色彩铅以纵向笔触画出桌面的反光感，用蓝色、紫色彩铅的叠加表现消毒柜不锈钢门的色彩，用蓝色彩铅以斜向笔触画出镜面及玻璃的色彩。

用马克笔渲染画面效果

26.用浅色冷灰马克笔为顶面和墙面铺色，画出白色界面的感觉。

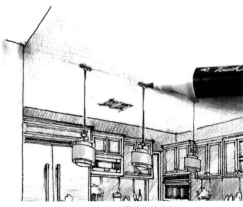

27.用CG3号马克笔加强吊灯与顶面的衔接位置。

28.用WG3号马克笔平铺地面色彩。

29.用36、34号马克笔加强座椅和灯具的亮部、灰部色彩。

30.用CG3号马克笔同样按照斜向笔触为橱柜上色，注意反光处的留白，同时用WG3、WG5号马克笔相配合画出吧台的投影。

31.在前图基础上，用CG5号马克笔进行叠加，使橱柜门的质感更加真实。

32.用WG3号马克笔画出橱柜在墙面上的投影。

33.较近位置的投影，用WG5号马克笔加强。

34.在蓝色彩铅的底色上，覆盖GG3号马克笔以塑造玻璃质感，笔触斜向。

35.用CG3号马克笔加强不锈钢门的质感。

36.用WG3、WG5号马克笔刻画抽油烟机的不锈钢质感。

37.刻画陈设品的细节。

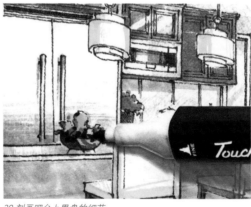

38.刻画吧台上果盘的细节。

39.用WG3、WG5号马克笔为地砖的背光部分勾缝，再用WG7、CG7等重色马克笔刻画吧椅腿、地面投影，甚至可以仅根据个人对画面关系感觉主观加强某些近景的局部色彩，其主要目的就是为了增强画面的对比感。

40.尽管彩色铅笔的使用已经结束，但是目前为止地面的颜色太灰，因此用中黄色彩铅为地面铺色，提高色彩纯度。

41.用高光笔画出地砖受光面的高光，可用直尺辅助。

42.用高光笔以斜向笔触画出玻璃光感，注意斜线不能画太多，2-3条即可，最后再为个别家具和陈设点缀高光。

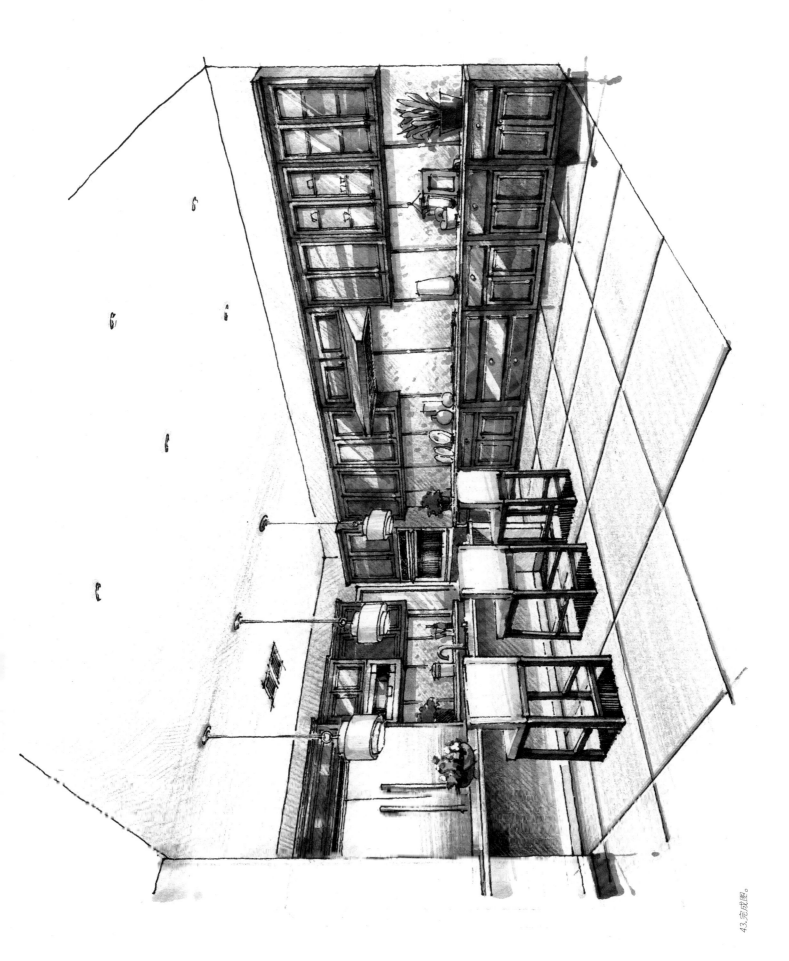

43.完成图。

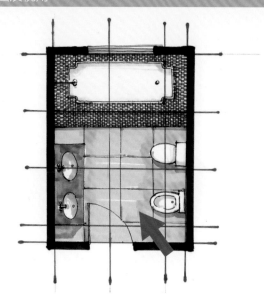

第五节
根据平面进行一点斜透视法的效果图表现

本节将讲述根据卫生间平面图，绘制一点斜透视室内表现图的详细步骤。

根据网格，估算卫生间宽约2.4m，进深约3.3m。

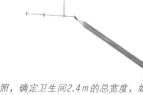

1.用铅笔在距纸面下边2/5处画出视平线，在纸张内靠右侧1/3纸宽的视平线上确定消失点0，在最左边界的视平线上确定消失点0'。

2.假设吊顶后房高为2.4m，以1m为单位长度，视平线以下预留1m高度，以上预留1.4m高度。

3.以1m的单位长度为参照，确定卫生间2.4m的总宽度，如图，垂线左侧2m，右侧0.4m，注意底边斜线与纸面外消失点相连。

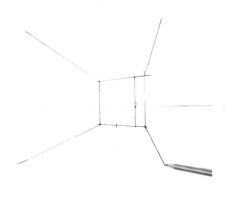

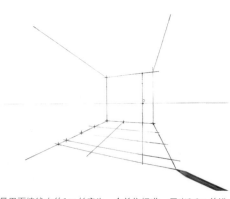

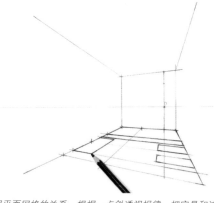

4.根据一点斜透视规律，分别连接两个消失点画出房间的结构透视线。

5.以最里面墙线中的1m长度为一个单位标准，画出3.3m的进深，并在地面连出网格线，注意近大远小的规律。

6.按照平面网格的关系，根据一点斜透视规律，把家具和洁具的平面落在透视图的地面网格中（为与其他线稿区分清楚，特用彩色铅笔绘制）。

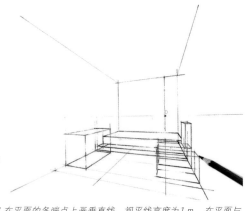

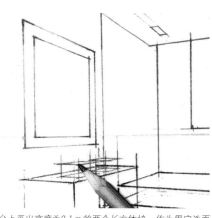

7.在平面的各端点上画垂直线。视平线高度为1m，在平面与视平线之间的垂直高度上截取0.7m为洗手台的高度，0.4m为洁具的高度，0.4m为浴缸高度（其中0.12m为一步台阶高度），画出长方体组合。

8.在洗面台上画出高度为0.1m的两个长方体块，作为界定洗面盆尺寸的长方体，并在墙上画出梳妆镜的轮廓。

9.继续画出窗户的轮廓线、顶面射灯轮廓和马赛克装饰的边界线，注意窗台距地面约1.1m。

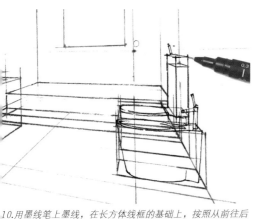

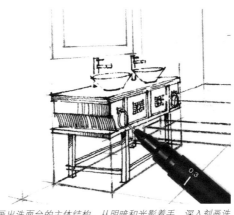

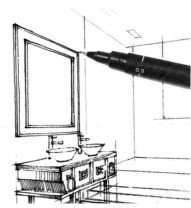

10.用墨线笔上墨线，在长方体线框的基础上，按照从前往后的顺序刻画洁具。注意，如长方体线框的某些尺寸不足，可直接用墨线纠正。

11.画出洗面台的主体结构。从明暗和光影着手，深入刻画洗面台各部分细节。

12.刻画梳妆镜结构，表现镜子各个体面关系。

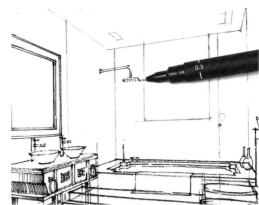

13.对于浴缸的刻画，先要画出其前方的遮挡物品（如拖鞋、台阶、毛巾等）。

14.完成浴缸结构，并点缀洗浴用品，丰富画面。

15.画出淋浴喷头，高度约为2m。

16.画出空间的结构透视线。

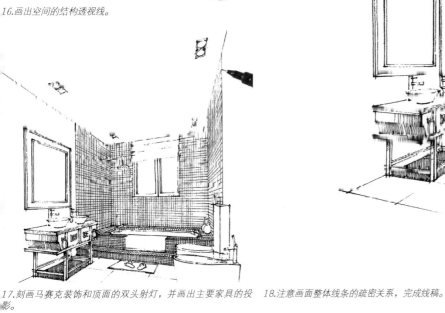

17.刻画马赛克装饰和顶面的双头射灯，并画出主要家具的投影。

18.注意画面整体线条的疏密关系，完成线稿。

19.用CG1号马克笔画顶面，由里向外逐渐留白。

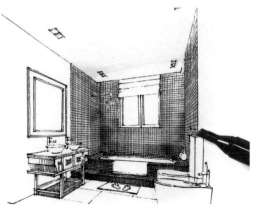

20.本图光源为室外自然光，用WG3号马克笔平铺马赛克部分的墙面，注意各墙面的明暗关系。

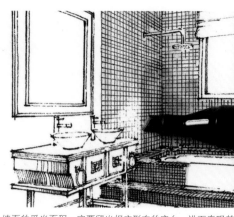

21.墙面的受光面积一定要留出相应形态的空白，进而表现其光感。

22.用36号马克笔在马赛克墙面接近自然光源和人工光源的位置扫上几笔，丰富马赛克的颜色。

23.用36号马克笔由里向外地表现地板的颜色，近景处留白并留下笔触。

24.用BG3号马克笔表现洁具的明暗关系和形体转折关系。

25.用BG5号马克笔加重洁具暗面，深入刻画形体转折关系，并可适当留下笔触。

26.用185号马克笔点缀较近毯子和浴缸的颜色。用BG1号马克笔为搭在浴缸上毛巾的暗面着色，并适当进行同色叠加，便可较好地表现毛巾在逆光环境下的体面转折关系。

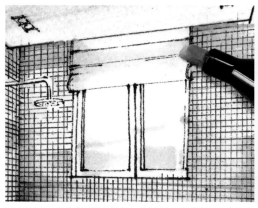

27.用67号马克笔表现窗帘颜色，用185号马克笔表现窗外天空颜色。注意光感的表现和笔触的变化。

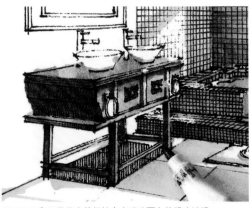

28.用107和97号马克笔相结合表现洗面台的明暗关系。

29.用34和104号马克笔相结合画出洗面盆和镜框的颜色，注意表现洗面盆的逆光效果。

30.用BG3和BG5号马克笔相结合画出镜框的颜色。

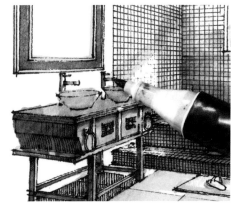

31.用CG5号马克笔表现不锈钢水龙头的逆光效果。

32.用WG3号马克笔为墙面铺色，近处留白。

33.用WG5号马克笔画出镜子和洗面台的投影。

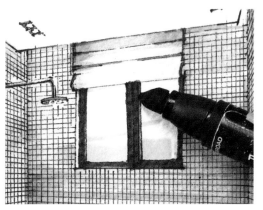

34.用94号马克笔为窗框上色，用WG7号马克笔画出窗户上的投影，体现光感。

35.用WG5与WG7号马克笔相结合，完善所有家具的投影，使画面更加沉稳。

36.用104号马克笔的细端勾勒地板砖缝隙，可使地板具有厚度感。

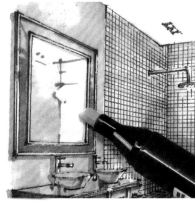

37.刻画镜子中的反射影像，用色要比现实中的颜色偏灰。

38.用WG5号马克笔细端间或点绘马赛克墙面，尽管很耗时，但效果显著。

39.用WG7号马克笔细端间或点绘台阶和浴缸铺贴马赛克的背光部，进而可以拉开所有铺贴马赛克界面的空间关系。

40.用WG1号马克笔在墙面受光部间或点缀，使该处的光感更加生动。

41.用深蓝色彩铅细化顶面色彩层次。

42.用湖蓝色彩铅细化百叶窗的颜色。

43.用褐色彩铅勾画墙面花纹（该墙面应该铺贴有仿壁纸肌理的瓷砖）。

44.用白色修正液以斜线的形式表现透过窗户射进屋内的自然光线。

45.用修正液提亮各逆光物品的高光。

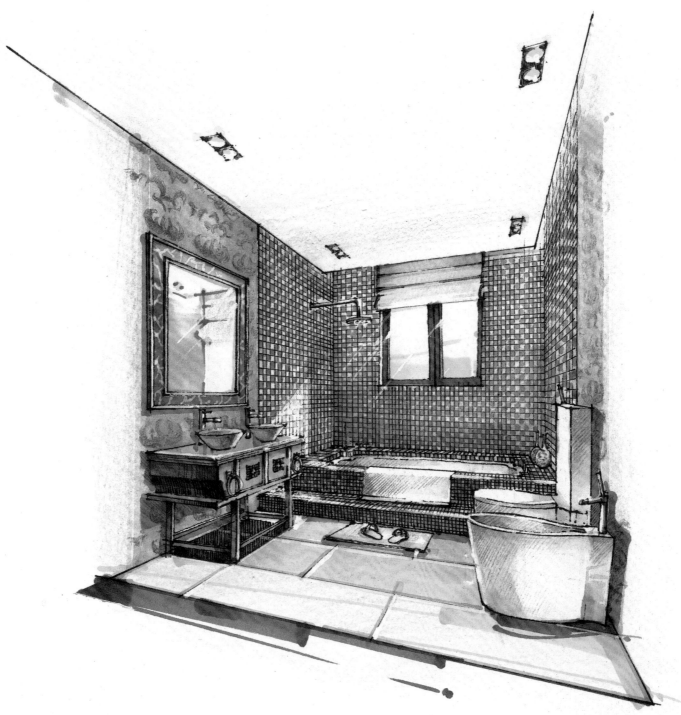

46.完成稿。

第五章
室内实景写生训练

室内实景写生训练，是全方位提高个人审美修养，磨练线条，感悟色彩，研究设计的最好方法，手绘能力无论高低都应该经常进行这方面的大量练习。对于初学者来说，面对一幅内容充实的实景照片可能感到无从入手，正是基于这一点，本章由浅入深地列举了五个写生实例，引导大家逐步掌握室内实景写生的要领。

特别提示：为了更好地利用写生为室内设计服务，我们可以用设计表现的方法进行写生。在这种方法下绘制的写生作品与原场景会略有不同，即实景仅为参考，我们自行拟定透视方法完成该场景的表现，在表现中要加入更多的主观分析，不需过分拘泥于细节与实景的一致性，因此从这个角度来说，我们做这类写生训练的原则应是"只求画得对，不求画得像"。

第一节 阳光休闲区

实景照片分析：

本图具有室内外相结合的空间特点，如何进行空间的融合和光感的表达是手绘的难点；另外，东南亚风格的木结构和藤制家具的质感表达，亦是该图表现的亮点所在。

用铅笔快速画好构图、透视和比例

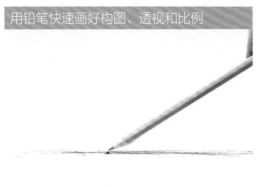

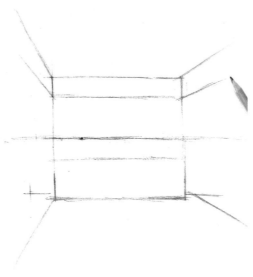

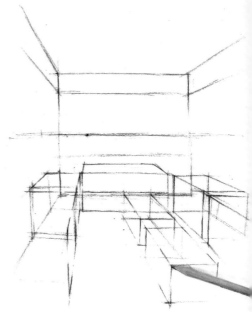

1.根据实景照片选择最佳图幅版面——竖版，本图采用一点透视法来画，先用铅笔在纸面偏上位置画下视平线和消失点。

2.按照一点透视规律构建空间透视。

3.目测各家具的比例，根据长方体组合法，将各家具以长方体的形式画在透视环境中。

用墨线笔完成线稿

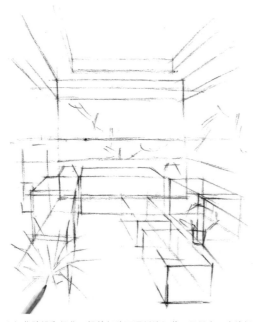

4.细化陈设和绿化，铅笔起稿不要纠缠细节，尽量多用直线概括，在最短的时间内，用最简洁的方法概括形体。

5.用墨线笔绘制茶几、台面上小品的基本结构，注意遮挡关系，对于硬质的家具，线条应该硬朗。

6.深入刻画沙发和主要绿植，注意沙发的曲线应尽量流畅，近景绿植要留白，但在叶根部适当强化对比。

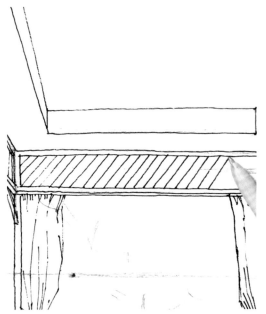

7.用墨线笔勾画顶部结构和窗帘，窗帘的表达要注意褶皱的疏密变化。

8.绘制屋顶下部栏板网格，可先排列一个方向的斜线，再排列另一方向的斜线，如此绘出效果较为规整。

9.概括画出石雕结构和远景树的轮廓。

10.绘制屋顶细节和地砖结构，注意透视关系。

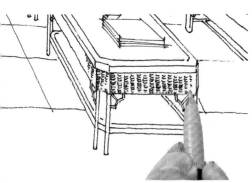

11.刻画藤编家具的质感，用短线排列，使之成纵向队列，要考虑每个面的疏密关系。

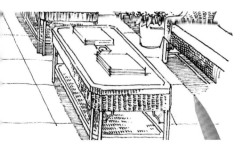

12.本图光源比较复杂，空间的三面镂空都有自然光射入，因此我们对于藤编质感和家具投影的刻画要先考虑光照因素，再进行疏密关系的处理。

13.擦去铅笔线，线稿完成。

勾画色彩小样

14.线稿完成后可画张草图小样，推敲颜色搭配、虚实关系、运笔方向等。该步骤必须徒手画草图推敲，可以进行多套配色方案的比较，但每个色稿方案的绘制都应快速，争取把时间控制在15分钟以内。色彩小样的推敲可以有效地避免正式图上色时配色失误，这一步对初学者极为重要。

15.该图受光规律是：三面受光，两侧沙发正面受光，里侧沙发背面受光，按照这一规律用36号和25号马克笔分别刻画沙发和靠垫的明暗关系，受光面留白要清晰果断。

16.用167号马克笔为远景树着色，97、94、99号马克笔相配合为屋顶上色，185号马克笔为背景天空上色。

17.由于藤制家具为黄色，因此茶几玻璃的黄色反光较多，我们可用纵向笔触表现玻璃质感，36号马克笔表现黄色反光，BG3号马克笔表现玻璃固有色。

18.为增强对比，用蓝色马克笔为茶几上的书着色，并用BG5号马克笔加强茶几玻璃对书的反光。

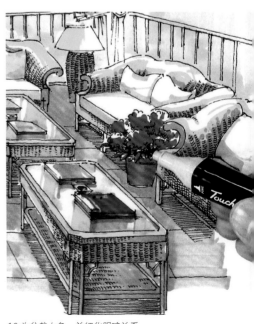

19.为盆栽上色，并细化明暗关系。

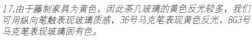

20.用104与102号马克笔相结合强调藤制家具的暗部，丰富层次。

21.用WG3和WG5号马克笔相配合，画出地面、投影、石雕、窗帘等颜色，实体物品要注意明暗关系的刻画；再用CG3号马克笔为栏板网格整体上色。

22.用CG5号马克笔深入刻画栏板网格细节，使之更有立体感。

23.在背景树上叠加59号和42号马克笔色彩，并用102号马克笔勾画树枝。

24.用CG7号马克笔深化沙发背后的围栏，使其颜色比背景树更重。

25.用51与CG9号马克笔配合画前景绿植，注意按照植物结构，颜色内聚，外侧留白，如此可使前景对比强但不抢主体，给人以拉近近景的感觉。

用彩色铅笔进行辅助上色，丰富画面质感，细化色彩层次

26.用赭石色彩铅刻画屋顶，彩色铅笔在画面上留下的细小颗粒感能够恰如其分地表达出木材质感，注意褐色加强的位置，要表现出尖顶的感觉。

27.用土红色彩铅刻画沙发靠垫的布艺质感。

28.用褐色彩铅刻画地面及投影细节。

29.因为两个落地灯在画面位置最远处，我们可用深蓝色彩铅降低灯罩的纯度。

30.用深蓝色彩铅深化杂志在茶几上的投影。

31.用深绿色彩铅弱化背景树的纯度。

用修改液或高光笔提亮画面的高光

32.用深蓝色彩铅加深天空与远景树衔接的区域，丰富天空层次。

33.用土红色彩铅丰富窗帘颜色层次。

34.根据受光规律，用高光笔在树枝的分叉点和围栏顶面、侧面略提高光，以便区分层次。

35.为重点家具提亮高光。

36.整体观察，看看是否有影响画面进深感的地方，或是有值得去细化的地方。完成。

第二节 中式卧室

实景照片分析:

本图为新中式风格的卧室表现,表达内容简洁、大气,但不失细节,很多中式元素还须细心刻画。对于本图的手绘,如何区分各界面实木材质的颜色层次,并打破实木色本身压抑的暗调色彩,使画面具有较强的通透感是表达的主要难点。另外,自然光感和人工光源的合理表达,为画面的处理提出了更高的要求。

用铅笔快速画好构图、透视和比例

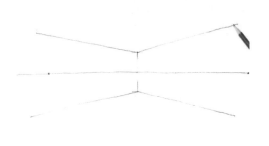

1.本图选用两点透视法,用铅笔在纸面靠近中间的位置画下视平线,按照对实景的透视推敲,在如图位置点下两个消失点。

2.按照透视原理以及比例关系勾勒出房屋框架线。

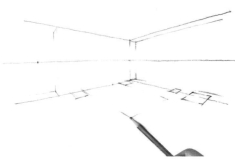

3.目测各个家具在房间中的位置和比例,将各家具的正投影画在地面上。

4.目测各个家具在房间中的高度比例,根据长方体组合法,将各家具以长方体的形式画在透视环境中(包括圆形沙发)。

5.画出各结构线的透视线条,根据构图需要调整线条的长度。

用墨线笔完成线稿

6.用墨线笔先画主体家具——床,因为是画面主体,我们可以顺便增加其细节。

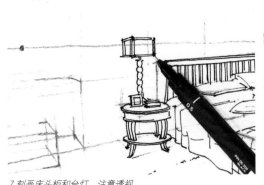

7.刻画床头柜和台灯,注意透视。

8.刻画地毯,可用圈点线条表现其质感,注意线条的近实远虚。

9.在长方体框架内勾勒藤椅的轮廓,并先用单线画出藤制家具的纹理脉络。

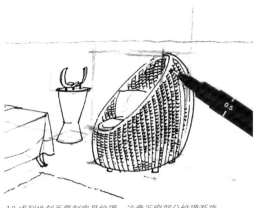

10.成列地刻画藤制家具纹理，注意近窗部分纹理渐疏。

11.画出梳妆台，注意凳子与地面交界处的处理，一定要让凳腿"贴"到地面上。

12.画出吊顶和窗框基本结构，线条要流畅，尽量一笔到位。

13.刻画吊顶和窗框细节，注意细微的体面变化。

14.勾勒梳妆镜细节。

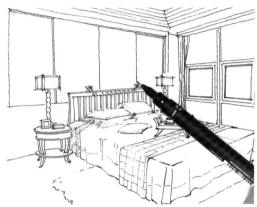

15.画床头背景墙，先等分其大体结构。

16.进一步完善框架，要根据透视感觉的近大远小关系，在床头柜板上做出分隔网格的辅助点。

17.按照分割点的位置，用双线画出床头背景墙的竖向分隔线。

18.按照如图的比例关系，画出床头背景墙的横向分隔线。

19.根据近实远虚的原理和视平线的位置，为分割线增加透视面，使其具有立体感。

20.绘制地板，地板纹理最好要借助视平线上的消失点来辅助着画。

21.线稿完成，检查有无遗漏。

勾画色彩小样　　　　　**用马克笔着色，先铺大色调，再刻画细节**

22.完成色稿小样，推敲颜色与虚实关系、运笔方向、笔触的排法等。

23.本图光源为右侧落地窗，先用BG1号马克笔画出石膏板吊顶的明暗关系，注意局部可用笔触叠加法加深颜色。

24.用25号颜色画出顶棚和梳妆台后的墙面颜色。

25.用WG1号马克笔为床头背景墙着底色，同时用该色为地毯刻画明暗关系。

26.用97号马克笔画床头背景的木结构装饰，先将射灯的光晕区域留白。

27.用97号马克笔填充非射灯光照位置，注意射灯光晕区域受木结构影响所产生的形态与层次变化。

28.如图将床头背景墙的全部木结构上色，射灯光感效果明确。

29.用25号马克笔为木结构较低层次的光晕部分施色，使灯光效果更具真实感。

30.用145号马克笔初步表现床的明暗关系，该色浅而灰，与实木色配合效果较为通透。

31.用冷纯色系马克笔为床品着色，注意光斑处的留白。

32.用94号马克笔为床头和茶几着色。

33.用185号马克笔先画出窗外天空色彩，注意笔触要随意些，注意疏密变化。

34.用94号马克笔为窗框着色，受光的地方要留白。

35.用94号马克笔按透视方向铺设木地板颜色。

36.用36与104号马克笔相结合画出藤制沙发的色彩关系，沙发内部靠垫用145号马克笔概括其明暗关系。

37.用BG3号马克笔概括地为前景地毯施色，用笔利落，可结合点绘笔触，留白为主。

38.用102号马克笔加重实木家具的暗部。

39.用WG7号马克笔细端勾勒地板结构线。

40.用WG5号马克笔画出家具在墙面上的投影。

41.用WG3号马克笔画出床在地毯上的投影，并适当提亮地毯暗部颜色。

42.用BG3号马克笔丰富背光面的床单层次。

43.用CG3号马克笔画加强吊顶结构的暗部转折，使其体面关系更加明确。

44.用WG7号马克笔再次加强主要物品的投影和暗部，增加画面的对比效果。

用彩色铅笔辅助上色，细化色彩层次

45.用深紫色彩铅画床单的暗部以及布褶的暗部，增强质感。

46.用棕色彩铅表达地毯颜色和质感。

47.用深蓝色彩铅加强床上毯子的暗部，特别是明暗交界处，进而充分表现其体积感。

48.用土黄色彩铅丰富地毯亮部的色彩层次。

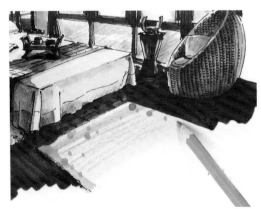

49.用浅蓝色彩铅丰富前景地毯的色彩层次。

借助涂改液或者高光笔提亮画面

50.用高光笔将地板接缝处的受光部提亮。

51.用高光笔提亮射灯的灯芯部分，注意远近、虚实变化。

52.完成图。

第三节 新中式风格客厅

实景照片分析:

新中式风格的室内空间,构图庄重,色彩稳重,具有较强的文化性和符号性。从宏观方面,应注意表达界面色彩搭配的协调性与衬托性;从微观方面,应注意细节的刻画与点缀,无论从造型还是色彩方面,都要为沙发、茶几围合的视觉中心服务。

快速确定构图和铅笔稿

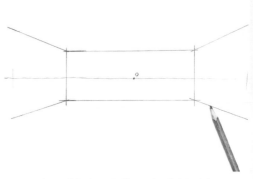

1.该图为典型的一点透视,用彩色笔在图片上标出本图的视平线和灭点位置(红色直线为视平线,蓝色圆点0为灭点)。

2.根据图片中标出的视平线和灭点位置,用铅笔在画纸1/2垂直高度偏下的位置画出视平线,并在视平线中点偏右的位置点下灭点0,最后在画纸两边靠里约1cm处画下两条垂直的留白线。(留白线的作用:两条留白线之间是画面构图的空间,两条留白线外侧为画面留白边,如此,可以为画面的合理构图预先留出界限,即使画面构图不慎偏大,亦可借助留白边的空间,保证画面的完整性。)

3.根据一点透视的规律,用铅笔画出该图的空间形态。

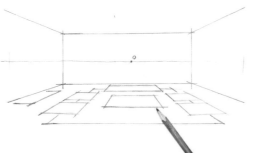

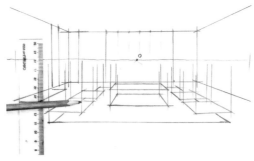

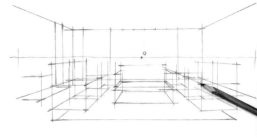

4.根据一点透视的规律,用铅笔在地面上画出主要家具的正投影,注意家具的比例关系要准确,进深的长度不要过长。

5.借助直尺,用铅笔过家具的正投影转角点画垂直线,即拔起了家具的垂直高度;再用同样的方法,画出空间中隔断和墙面造型的垂直线。

6.参考照片中各家具高度与视平线的距离关系,根据一点透视规律,用铅笔截取各家具主要结构的高度位置,并与灭点连接,形成完整的家具轮廓。

用墨线进行线稿阶段的正式绘制工作

在学习工作过程中,我们很可能会没有较长时间去进行铅笔稿的刻画工作。所以,我们应当通过不断的训练,缩短铅笔线稿所耗费的时间;通过扎实的基础练习,相信大家最终都能够练出少用铅笔或不用铅笔而直接用墨线绘图的能力,画出一幅幅具有自己风格的速写!

7.用铅笔画出墙面装饰和灯具的轮廓。

8.用0.5型签字笔按照由近及远的顺序,刻画视觉中心区域的沙发、茶几等家具的结构。

9.用0.5型签字笔绘制空间、家具、装饰、陈设等内容的主要轮廓与结构。对于较长且直的空间结构线，难以徒手一笔画到位，因此，可以重点加强起点和端点线头，中间长直的过程线可以暂时断开处理。

10.用0.5型签字笔按照由近及远的顺序，画出吊顶的双头射灯，再深入刻画画面左侧的中式隔断和背景墙装饰分隔线。

11.用直尺辅助0.7型签字笔，加强之前断开的过程直线的头尾力度，将断线连接，完善空间的全部结构线条。

12.设置该图的光源位于吊顶的中央位置，用较细的白雪牌中性笔，以斜线排出家具的背光面，以水平线排出椅子在地面上的正投影，注意排线的疏密过渡；继续用该笔参照范图刻画地毯和背景墙装饰的肌理线条。

13.刻画背景墙面装饰的肌理细节。

14.参照范图，用120号黑色马克笔，加强画面各种投影的层次关系，并加强部分黑色装饰带的颜色。注意用黑色点到即止，避免画成"死线"。

15.调整画面墨线的疏密关系，完成线稿。

马克笔表现

16.参照范图，用WG1号马克笔，为界面着色。注意，顶面着色尽量使用速度较快的搓笔法，画出光泽感，地面留出细线的笔触，背景墙面画出射灯光晕的轮廓。

17.参照范图，用WG1号马克笔为背景墙的界面装饰着色，墙面光晕区域需留白以体现光感。

18.参照范图，用WG3号马克笔，以平铺的笔法为地毯着色；用WG5号马克笔，为家具在地面上的投影着色，并适当点缀地毯的毛绒肌理。注意投影已在墨线阶段进行了层次处理，因此，平铺一层马克笔颜色便足以呈现效果。

19.参照范图，用WG3号马克笔，为背景墙右侧装饰板的受光部位着色，用WG5号马克笔，为其投影部分着色；背景墙左侧深色装饰板，直接用WG5号马克笔着色，注意靠近圆形造型的位置用笔收尾，适当留出发光区域。

20.到目前为止，该图的上色全部使用暖灰色系，为了追求冷暖的中和，我们将重点使用较冷的颜色为视觉中心的家具上色。参照范图，用CG1号马克笔，以留白为主要手法，处理座椅的受光部分，座椅的灰部用该色平涂，座椅的暗部用CG3号马克笔从明暗交界线处开始着色，画到反光区域适当留白。左侧座椅背后的陈设柜，用横向排笔法排出其立面颜色，适当留出该面上的地面反光区域，该反光区域用WG1号马克笔着色。

21.参照范图，左侧座椅的反光部分受地面暖色影响呈现暖灰色，可使用WG1号马克笔补齐反光区域色彩；右侧座椅的反光部分受落地窗冷色影响呈现冷灰色，可使用BG1号马克笔为该反光区域着色。

22.参照范图，用CG1号马克笔，为左侧中式月亮门型隔断的亮部着色，为光晕区域留白，用CG3号马克笔，为圆形洞口的背光面着色；用WG7号马克笔，为左侧陈设柜的暗部着色；用WG5号马克笔，为盆景中的石块着色。

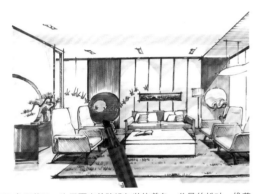

23.参照范图，为画面中的陈设与装饰着色：盆景的松叶，推荐用36号马克笔着色；背景墙左侧的圆形装饰，推荐用36和CG7号马克笔着色；背景墙中部的长条形壁龛，推荐用WG5号马克笔着色，并适当留白；背景墙右侧的圆形装饰画，推荐用CG1和BG1号马克笔着色。

24.参照范图，为茶几、沙发靠枕、吊灯、落地灯和雕塑着色：茶几推荐用36号马克笔着色，注意笔触方向和留白位置；沙发靠枕推荐用36、104、75号马克笔着色；右侧吊灯，推荐用36号马克笔为其背光部着色，其余部分留白；右侧的落地灯和雕塑推荐用104号马克笔着色，适当留出高光部分。

25.参照范图，深入刻画茶几的质感：几案台面的反光，推荐用WG1号马克笔，以垂直笔触在反光留白区适当调节层次关系；几案台面的背光部，推荐用WG3和WG5号马克笔适当加重；茶几案面下方的立面，推荐用104号马克笔适当加重其上部，下部反光部分，推荐用WG1和WG3号马克笔深入刻画该立面对地毯的反射效果。

26.参照范图，用BG1号马克笔以斜向笔触画出落地玻璃的质感，注意留白；右侧重色吊顶为深灰色镜面玻璃材质，在已有的WG1号马克笔底色基础上，适当以横向笔触加入WG3和CG3号马克笔颜色，以丰富镜面玻璃的反光；用WG7号马克笔，先以横向笔触绘出镜面玻璃固有色，再以纵向笔触加强其反光质感。

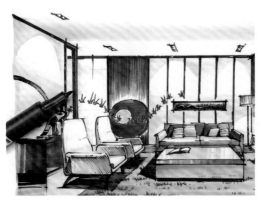  

27.参照范图，用BG1号马克笔，为图中隔断墙的深色边框着色；用75号马克笔为图中折纸小鸟造型着色；用BG5号马克笔为沙发剩余的靠枕着色。

28.参照范图，用WG3号马克笔为图中折纸小鸟造型在背景墙上的投影着色，用WG5号马克笔为右侧雕塑在背景墙上的投影着色。（投影颜色的选择规律：参考投影承载面的颜色，选择比该色稍重一些的颜色即可）

29.参照范图，用WG3号马克笔为图中右侧中式隔断圆形洞口在其后背景墙上的投影着色。

30.参照范图，用WG7号马克笔为图中地毯前端提重色，目的是平衡且强调空间层次效果，注意笔触的组合方式。

31.参照范图，用黄色彩色铅笔为墙面光晕提色，增强光感。

32.参照范图，用褐色彩铅以横向笔法为地毯排线着色，增强质感；用紫色彩铅以斜向笔法为右侧座椅靠背排线着色。

33.参照范图，用修正液为家具转折处的高光提亮色。提亮区域包括：茶几案面、左侧陈设柜、松树松叶、中式隔断的圆形洞口、折纸小鸟造型、中部背景墙壁龛造型、右侧雕塑、吊灯灯线、落地玻璃窗等。

第四节 现代风格餐厅

实景照片分析：

本图为现代风格的室内空间，构图灵活，色彩稳重，具有较强的视觉张力。从宏观方面，应注意界面色彩搭配在协调中求对比，在统一中求变化；从微观方面，应注意材料质感的刻画，用色彩的对比突显视觉中心。

1.该图为一点斜透视，用彩色笔在图片上标出本图的视平线和灭点位置。（红色直线为视平线，蓝色圆点O为灭点，灭点O′在画面左外侧）

快速确定构图和铅笔稿

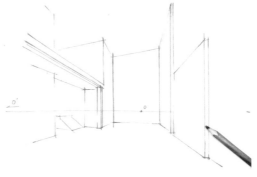

2.根据图片中标出的视平线和灭点位置，用铅笔在画纸1/2垂直高度偏下的位置画出视平线，并在视平线中点偏右的位置点下灭点O，另一灭点O′在画面左边外侧，心里有数即可；最后在画纸两边靠里约2cm处画下两条垂直的留白线。（本图构图偏于纵向，留白边设置宽些。）

3.根据一点透视的规律，用铅笔画出该空间和墙面硬装饰的形态。该空间为跃层，要注意左侧层高的比例关系，为保证透视关系准确，本步骤可适当辅以直尺连接直线。

4.用铅笔在地面上画出主要家具的正投影，注意家具的比例关系和进深的长度不要过长。

用墨线进行线稿阶段的正式绘制工作

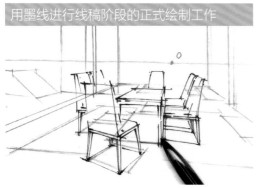

5.参照范图，根据一点透视的规律，在家具正投影的基础上，直接用0.5型签字笔按照由近及远的顺序，刻画中心区域餐桌、餐椅等家具的结构。注意参考图片中各家具与视平线在高度上的距离关系，进而确定所画家具的高度。

6.参照图片，用0.5型签字笔绘制右侧墙面装饰和家具陈设等内容，对于较长且直的结构线，难以徒手一笔画到位的，可以徒手重点加强起点和端点线头，务求准确，中间长直的过程线可暂时断开处理。

7.参照图片，用0.5型签字笔绘制画面其余部分的装饰、家具、陈设等内容，注意左侧楼梯部分的透视关系。

8.用直尺辅助0.5型签字笔，连接之前断开的过程直线，完善空间的全部结构线条。

9.设置该图的光源位于吊顶的中央位置。参照范图，用较细的白雪牌中性笔，以斜线排出家具的背光面，以水平线排出椅子在地面上的正投影，注意排线的疏密过渡。

10.参照范图，用较细的白雪牌中性笔，深入刻画空间中的投影，以及灯具、窗帘、大理石地铺的肌理效果，注意线条的排列方向和疏密关系。

11.参照范图，用120号黑色马克笔，加强家具背光部的层次关系，同时为黑色的桌椅框架和地面石材装饰带着色，注意黑色使用应点到即止，避免画成"死线"。

12.加强较远墙面装饰板的暗部层次关系，可用直尺辅助120号黑色马克笔，以扫笔的运笔方法绘制，使其与之前排线更好地融合。

13.参照范图，用120号黑色马克笔，加强画面左侧的深色装饰带、门框、踢脚线、楼梯栏杆等。

14.调整画面关系，完成线稿。

15.参照范图，用CG1号马克笔，为顶面和墙面着色。注意顶面着色尽量使用速度较快的搓笔法，画出光泽感，墙面上射灯造成的光晕区域留白。

16.参照范图，用WG1号马克笔，为顶面的藻井和地面着色，注意地面着色先用马克笔以水平方向快速平铺，再参照范图的位置以垂直方向运笔，画出较暗物体在地面上的反光感；用WG3号马克笔，参照范图的笔触，为右侧大理石电视背景墙着色；中部最里侧的"H"形窗洞实墙和左侧最远处的墙面，均用WG3号马克笔平涂。

17.参照范图，在地面中部大理石铺装墨线纹理的基础上，用WG3号马克笔进一步刻画其纹理结构；用WG5号马克笔为餐桌椅在地面上的投影着色；左侧楼梯，踏步平面留白，立面用WG3着色，背光面用WG5号着色。

18.参照范图，用CG3号为画面左侧墙体着色，注意光晕区域的留白；用CG3号为右侧墙壁上多面体装饰物的暗部反光面着色。

19.参照范图，用WG5号马克笔，加强大理石电视背景墙的暗部和投影。

20.参照范图，用GG3号马克笔，为最里面的两侧窗帘着色；用GG5号马克笔，为右侧的钢琴和陈设柜着色。

21.参照范图，用CG5号马克笔，为左侧空间结构的墙面深色饰面板及结构投影着色；用CG3号马克笔示意最左侧门洞内颜色。（该处本应颜色很重，但为了构图的通透感着想，特意选择稍浅的灰色予以示意，保证画面边缘的柔和感。）

22.参照范图，用BG1号马克笔为最里面的纱帘和右侧大理石电视背景墙的留白反光处着色；用BG3号马克笔，根据受光关系叠加层次感。

23.用WG5号马克笔，为大理石电视背景墙面加重反射层次感，再用细笔触刻画大理石肌理。

24.参照范图，用GG1号马克笔，以斜向运笔画出左侧玻璃围栏的质感，注意一层二层都有玻璃围栏；用GG1号马克笔为右侧墙壁的装饰面板着色。

25.参照范图，根据本图的受光规律，餐椅受光面留白，用BG1号马克笔为餐椅的灰部着色；用BG3号马克笔为餐椅的暗部着色，暗部区域的反光部分适当留白。

26.参照范图，用GG5号马克笔为餐桌着色，桌面尽量纵向运笔，注意为桌面反光区留白。

27.参照范图，用WG1号马克笔为餐椅暗部反光区域着色；远处最大的一幅装饰画推荐使用WG1、BG1、CG5号马克笔绘制其画面内容。

28.参照范图，为餐桌上的绿植着色，推荐用色：48、47、43、16号马克笔。

29.参照范图，用36号马克笔为图中小型装饰画、灯具、沙发靠枕着色；画面右侧的黄色墙壁面板用104号马克笔画受光面，用WG5号马克笔画背光面；根据受光关系，用36、GG3、GG5号马克笔，完成电视背景墙上方多面体装饰造型的色彩。

30.参照范图，用183与BG7号马克笔相结合，为电视机屏幕着色；用CG5号马克笔为电视机边框着色。

31.参照范图，用土黄色彩铅提亮墙面光晕色彩，增强光感。

32.参照范图，用深蓝色彩铅，加强餐椅靠背暗部的颜色，使餐椅色彩倾向更加明确。

33.参照范图，用褐色彩铅，加强地面边缘区域的石材肌理效果。

34.参照范图，用高光笔为画面中所有的石材纹理适当提亮，增强质感，注意视觉中心深入刻画，非重点区域点到即可。

35.参照范图，根据受光关系，用修正液为画面中主要形体转折处的高光提亮。提亮区域：地面深色石材装饰带、餐桌面、桌椅腿、右侧陈设柜、大理石电视背景墙、电视机边框、左侧玻璃围栏、垭口等。注意，使用修正液也要注意力度与速度，并适当辅以直尺塑形，白色亦应有深浅变化，切勿呆板。

36.参照范图，按照由近及远的顺序，用修正液加强围栏玻璃接缝处的高光。

37.参照范图，用GG1和GG3号马克笔为球形灯具的暗部着色，再用修正液点缀其上的高光与肌理。

38.参照范图，用修正液画出二层楼板底部射灯的灯光效果。方法：先用修正液在灯芯处点一滴白色，然后马上用修正液笔尖快速向下扫动该滴液体，即可形成灯光效果。

第五节 儿童娱乐区

实景照片分析：本场景为一处儿童娱乐区域，其中灯具的透视结构，多种具象形体的刻画，各种纯色的色彩搭配与整合以及前景色彩的处理皆是写生中的重点和难点。

光源分析：因本图光源较为复杂，光源来自各个窗户，具有多朝向的特点，因此每个家具的表现都要找出与其相关光源的位置和方向。

心里定位构图关系，直接墨线起稿

1.前一节讲过直接用墨线起稿的准备工作，在此不作赘述。该场景可设置为一点透视的空间环境，作为本书最终的表现图，视平线可不必画出，但必须将其位置牢记在心。思考好构图后，直接用墨线笔先画出位于画面最近端的椅子。

2.画出被椅子遮挡一部分的小萝筐。

3.画出筐子编制的纹理，不要画满，要留有余地，保留透气性。

4.画出被椅子遮挡的小圆桌。

5.画出摆放在桌子上的物品。

6.将余下的椅子也画出，注意先确定位置关系再下笔画。

7.画出地面上的汽车玩具，注意比例关系。

8.画地毯注意笔触的流畅与放松，并根据其上物品线条的疏密关系，画出毛毯肌理的疏密。

9.深化桌椅交角处的明暗关系。

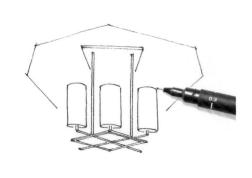
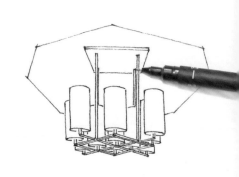

10.找好吊灯灯槽的位置开始画灯槽，注意后面的线要先断开。

11.目测比例，先找准吊灯的灯座和灯底位置，再分别画出吊灯结构，注意透视。

12.找出靠后吊灯灯泡的安装位置，完成靠后的灯泡和拉杆绘制。

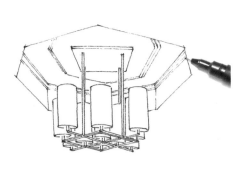
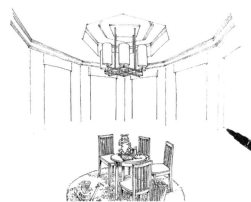

13.细化吊灯的灯槽，注意线条要流畅。

14.该视角房间有六个面，先从房顶画起，依次往下绘制结构，注意各扇墙的交线和窗套的边缘线，画至画面垂直方向1/2左右的位置即可收笔。

15.留出窗台位置，目测比例画出各种抱枕，注意遮挡关系与形体的变化。

16.画出窗台，深化窗户形体和结构。

17.根据透视，目测比例，画出沙发的基本结构，并画出近景玩具狮子的基本轮廓。

18.细化狮子的形象，注意按照右侧受光的关系处理线条。

19.画出墙面上的装饰画框。

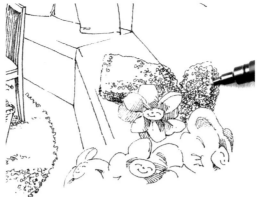

20.刻画右侧前景玩具和抱枕的质感。

21.刻画带有树叶图案的抱枕。

22.细化所有带图案的抱枕纹理。

23.为沙发底部的接地处和汽车玩具适当处理明暗关系。

24.细化窗帘纹理。表现各个抱枕的投影。

25.线稿完成。

26.勾勒草图，归纳色彩组合，分析色彩关系。

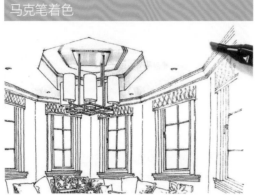

27.用浅色表现屋顶结构，可适当用单色叠加法加深局部（推荐用色GG1）。

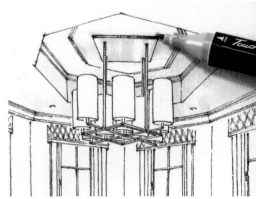

28.表现吊灯座的金属质感（推荐用色CG1、CG3）。

29.表现屋顶线角的颜色（推荐用色WG1、WG3）。

30.画出墙面、沙发和沙发座箱的颜色，画沙发顶面的颜色要注意留白表示亮部（推荐用色25、36、BG1）。

31.画窗户玻璃外的天空色，注意光感和笔触（推荐用色185）。

32.为座椅上色，注意座面的反光感，用低纯度的黄色画地面（推荐用色48、104）。

33.为桌子着色，注意桌子面的光感（推荐用色WG1、WG3）。

34.为地毯铺设底色（推荐用色28）。

35.画出地毯上玩具的明暗关系（推荐用色34、15）。

36.为地毯着固有色，注意点线面笔触的配合与受光处的留白（推荐用色16）。

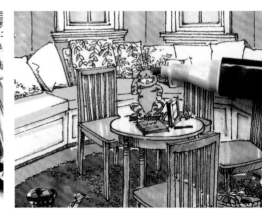

37.为桌面上的物品上色（推荐用色34、183）。

38.先为带有树叶图案的抱枕上色（推荐用色145、75、83）。

39.为其余抱枕上固有色（推荐用色48、16、25、97、94、1、183、70、167）。

40.为抱枕加强明暗关系和肌理关系（推荐用色42）。

41.深入表现各个抱枕的细节（推荐用色97、102、70、43）。

42.为窗帘平铺底色（推荐用色97）。

43.刻画窗帘的固有色要留出网格的底色（推荐用色94）。

44.完成所有的窗帘着色。

45.为窗帘上端画投影色（推荐用色WG7）。

46.提亮较近处窗帘的暗部色（推荐用色WG7）。

47.表现画框的明暗关系，并为其内部铺上底色（推荐用色97、94、102、25、WG3）。

48.为窗台和装饰画加投影（推荐用色WG3、WG5）。

49.为窗框、窗套、窗台着色，注意受光部尽量留白（推荐用色CG1、CG3、102、WG7）。

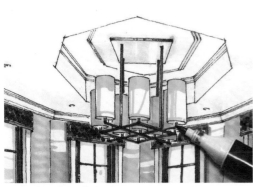

50.表现灯具质感（推荐用色97、102、36、104）。

51.强化椅子暗部及投影（推荐用色42、WG7）。

52.细化箩筐的纹理（推荐用色42）。

53.强化桌子暗部和投影（推荐用色WG5、WG7）。

54.画地毯上的家具投影（推荐用色94）。

55.表现前景中的玩具花朵的明暗关系，注意该处在场景中是
较纯的绿色，为了使画面前景不抢夺画面主次关系，我们用灰
绿色进行表现（推荐用色WG3、WG5、GG3、GG5、36、104）。

56.结合受光方向，初步表现玩具狮子的明暗关系，注意光感
的表达。狮子前方的近景绿叶，也用灰绿色表现（推荐用色
104、WG3、GG3、GG5）。

57.加强近景绿叶的明暗对比关系（推荐用色GG7）。

58.加强画面右侧近景的花朵对比关系（推荐用色GG7）。

59.刻画狮子在墙上的投影（推荐用色WG3）。

60.表现抱枕的投影（推荐用色WG5）。

61.画出另一侧抱枕的投影，注意投影位置因光源方向的变化
而改变（推荐用色WG5）。

62.表现沙发坐垫在下部结构上留下的投影（推荐用色WG3）。

63.刻画狮子尾巴在坐垫上的投影，注意结构的转折变化（推荐用色WG3）。

64.强调地毯边缘和桌椅腿与地毯相接处的重色（推荐用色WG7）。

用彩铅丰富画面层次、刻画材料质感

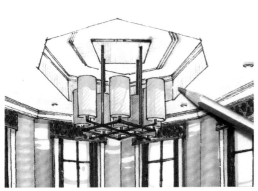

65.用土红色彩铅平铺地毯颜色，降低纯度并丰富层次。

66.用土黄色彩铅刻画灯罩层次，并表现灯槽内结构受到光照影响的效果。

67.用天蓝色彩铅，丰富玻璃窗的颜色，避免单色马克笔过于单调。

68.用藕石色彩铅细化墙面色彩层次。

69.用中黄色彩铅为沙发坐垫上色，使黄色坐垫色彩柔和。

70.用中黄色彩铅，加强椅子座面对黄色灯光的反射色。

71.用深蓝色彩铅斜向排线，刻画沙发坐垫下面结构，注意排线之间距离不要故意均等，通过拉开一定的距离可以表达出一定的反光感。

72.利用柠檬黄色彩铅刻画棕色抱枕上的花纹。

73.用紫色彩铅进一步柔化带有树叶图案的抱枕。

74.用黄绿色彩铅过渡黄绿色抱枕，使之在光的照射下更有立体感。

75.用深绿色彩铅刻画近景抱枕。

76.先用彩铅勾勒装饰画内的内容，再用马克笔细端适当加强画面内容的暗部（推荐用色WG3）。

利用高光笔涂改液提亮画面，增强对比

77.用高光笔提亮毛绒地毯的局部高光，注意"点"的疏密变化。

78.加强桌面高光线，体现光感。

79.利用高光笔画出较为微弱玻璃镜面的反光，可借助手指刮蹭白色产生图中的过渡色效果。

80.透过玻璃窗，做两三处斜线，表达阳光透过玻璃射进房间的光感。

81.提亮椅子顶面和侧面的高光。

82.适当提亮抱枕花纹，增加质感。

83.完成图。

第六章

效果图欣赏

作者：刘莎

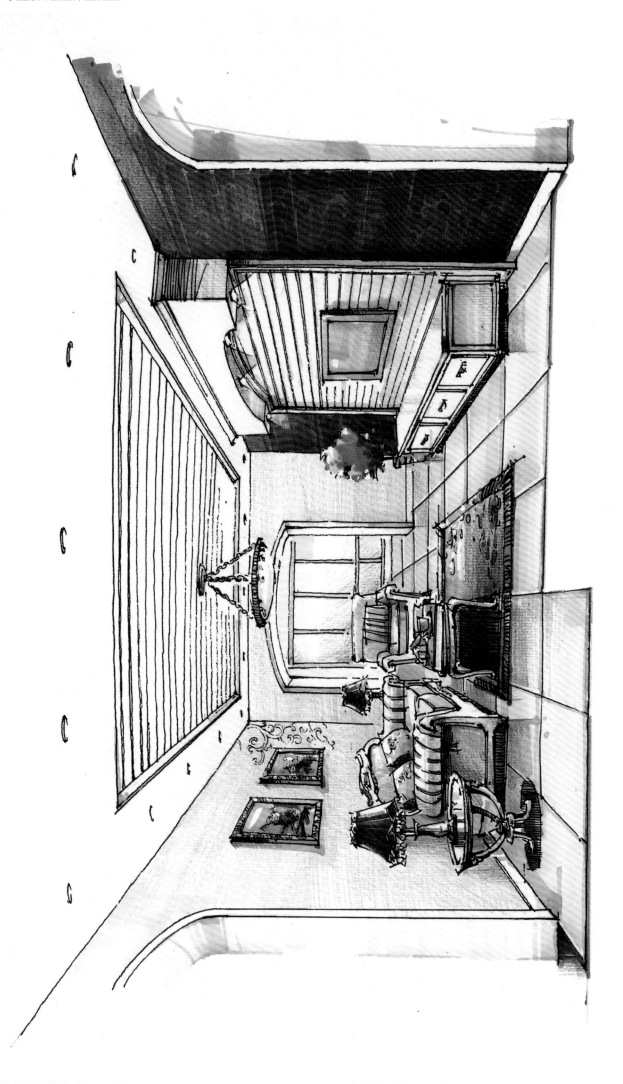

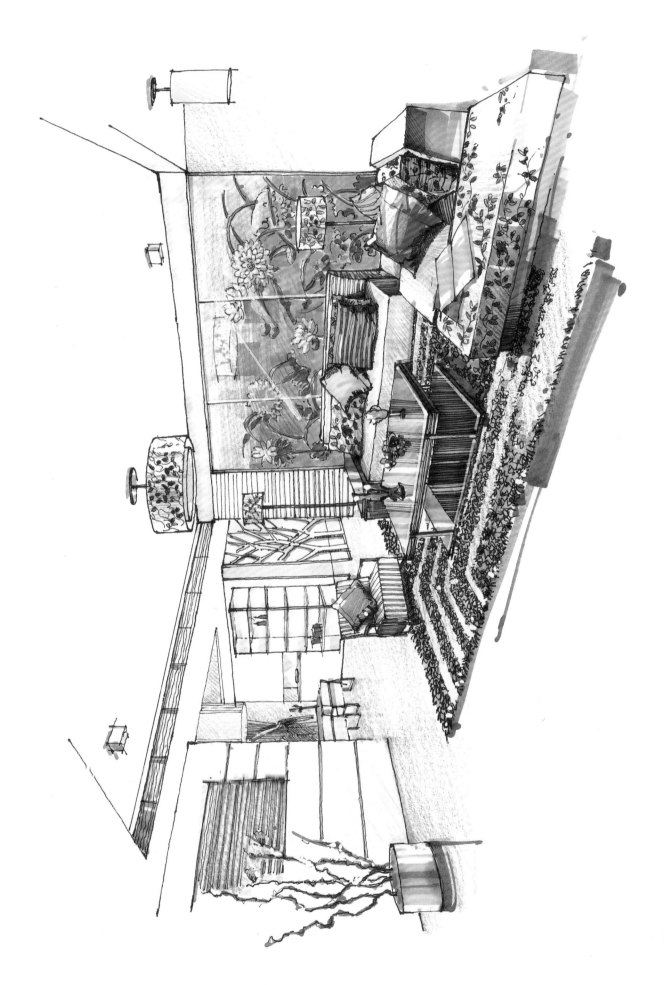

作者：李岩

作者：刘莎

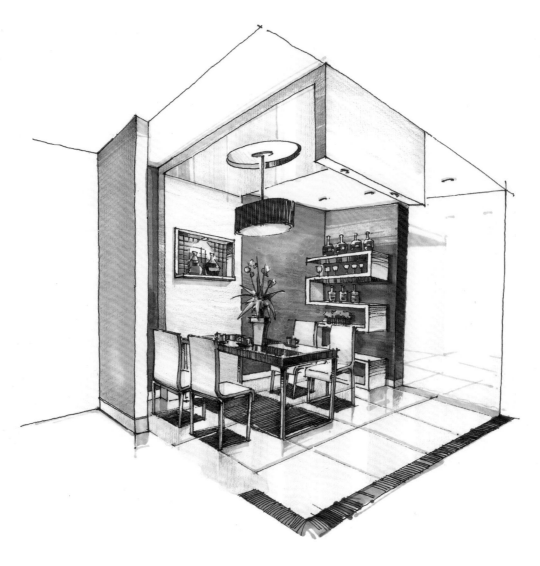

作者: 刘莎

某宾馆大厅手绘表现系列，获2011年国手绘设计大赛优秀奖

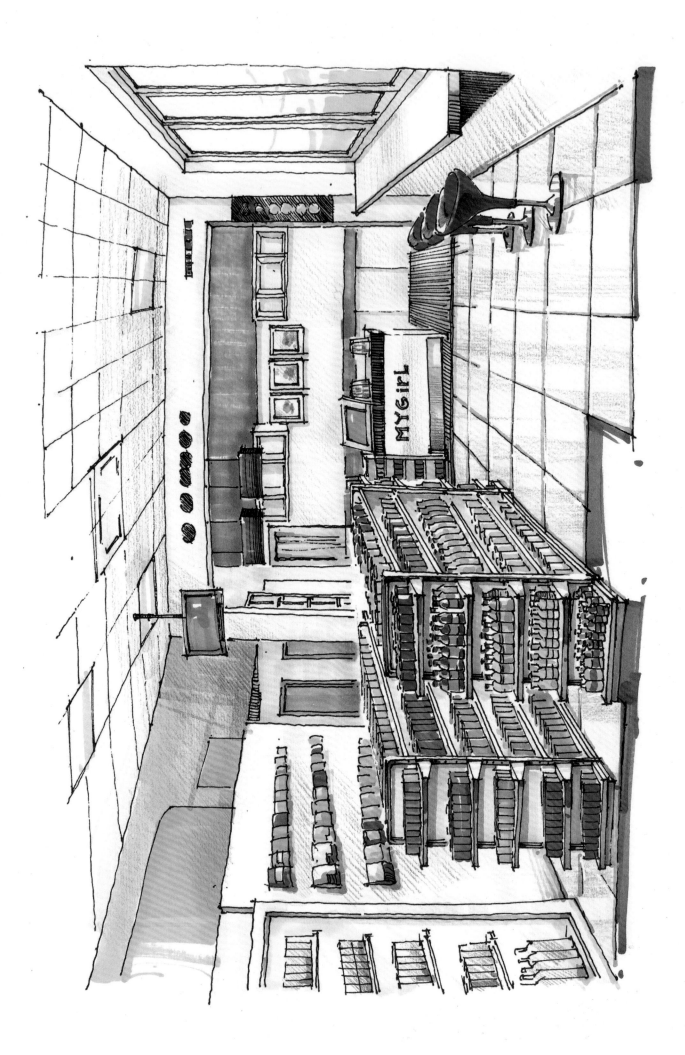

"水映云天" 水族馆手绘系列　获2013中国手绘设计大赛优秀奖

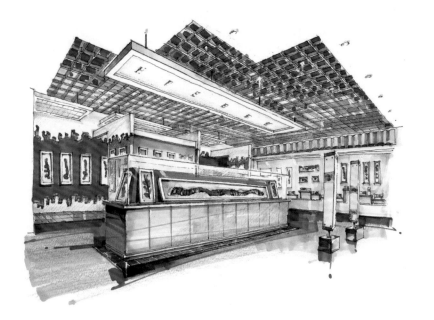

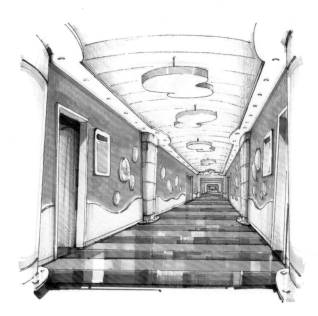

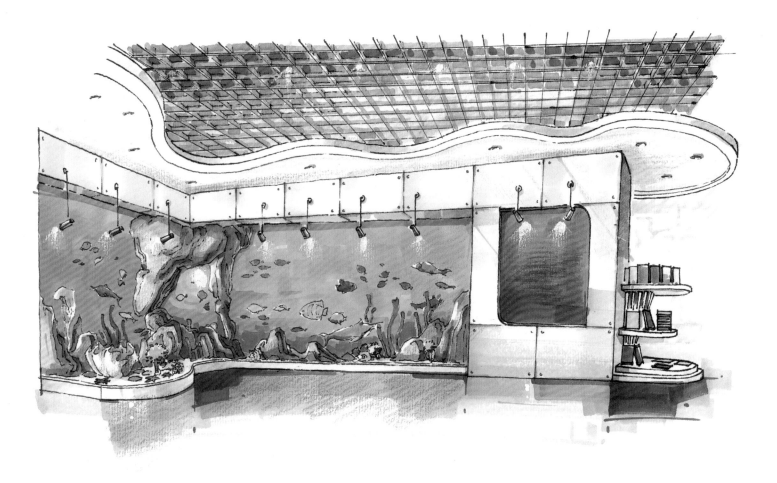

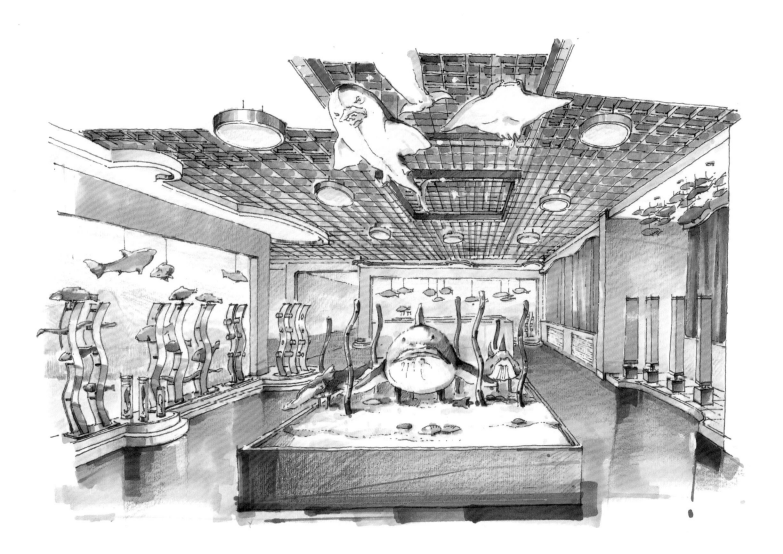

作者：李尚